Karl Venker

Erfolg!

Karl Venker

Erfolg!

Eine praktische Anleitung

Frank & Timme
Verlag für wissenschaftliche Literatur

ISBN 978-3-7329-0859-2
ISBN E-Book 978-3-7329-9067-2

Herstellung durch Frank & Timme GmbH,
Wittelsbacherstraße 27a, 10707 Berlin.
Printed in Germany.
Gedruckt auf säurefreiem, alterungsbeständigem Papier.

www.frank-timme.de

Inhaltsverzeichnis

Vorwort

Erfolg ist die Folge von Erreichtem!

Wer kennt es nicht, das Streben nach Erfolg und um dadurch in seiner Lebenswelt erfolgreich zu sein oder dem Misserfolg nicht zu erliegen?

Wir streben danach Erfolg zu haben oder erfolgreich zu sein, weil uns diese Ideen einer Erfolgsverwirklichung faszinieren und wir damit unsere Identität manifestieren wollen. Es könnte auch sein, dass unsere Erfolgsbestrebungen uns eher Schwierigkeiten und Unsicherheiten bescheren oder uns Zwänge und Anstrengungen aufbürden. Nörgler und Pessimisten stehen den Strebern und Positiv-Denkern gegenüber. Fragen wir uns zuerst nach dem Sinn jeglichen Strebens nach Erfolg?

Der Sinn jeglicher Erfolgsbemühung liegt in der Einflussnahme auf gegebenes „So-sein" und „Da-sein", um Misserfolge zu vermeiden und Erfolge zu verwirklichen. Misserfolge belasten uns, während Erfolge uns befreien oder erhöhen. Der Fehlschlag einer Erfolgsbestrebung könnte Verluste, Dramen oder Katastrophen auslösen. Eine gelungene Bestrebung der Erfolgsverwirklichung hingegen erhebt uns zu anerkanntem Leistungsvermögen, zu Ruhm und Anerkennung oder zur Freude und schlichten Bewunderung.

Wir verstehen Erfolg als die Folge von Erreichtem. Aber Erreichtes muss zuerst mit Mühe und Aufwand geplant, erstrebt, erarbeitet, geschaffen, verfolgt oder gelebt werden, um unseren persönlichen Erfolg zu gewinnen, zu vollbringen und genießen zu können. Und dieses Streben nach Erfolg ist nicht zwangsläufig oder selbstverständlich, aber ein erstrebter Erfolg vermag unser Dasein erheben und uns glücklich machen. Erfolgsbestreben ist eine natürliche Gabe unserer Lebensgestaltung.

1 Ansatz zu einer allgemeinen Erfolgslehre

„Erfolg ist die Folge von Erreichtem!“. Diese Definition geht von der Sichtweise und Einstellung aus, dass Erfolg kein zufälliges Ereignis sein sollte, sondern als Folge unserer Bemühungen und Anstrengungen aktiv unter Einsatz unserer Bestrebungen errungen wird.

Erfolgsbestrebungen zu gestalten und zu verwirklichen nehmen ihren Ausgang in den bewussten Veränderungskräften der Erkenntniskategorien der Wahrnehmungen, der Gefühle, der Vernunft und des Verstandes. Ausgehend von diesem vorgenannten vierdimensionalen Bewusstseinsraum trägt jede Erkenntniskategorie zur Erfolgsverwirklichung bei. Es sind kategoriale Elemente von Maßnahmen zu definieren, mittels derer die Erfolgsbestrebungen zum Erfolg führen.

Wie wird man zu einem *„Erfolgsverwirklicher“* und wie kann man seine Erfolgslosigkeit überwinden? Charles Robert Darwin (1809–1882) – britischer Naturforscher und Gründer der Evolutionstheorie – erkannte: In der Natur überlebt der Stärkste oder der am besten Angepasste! Kann diese Erkenntnis auch für die existentiellen, sozialen, wirtschaftlichen und politischen Erfolgsbestrebungen in unserer modernen, zivilisierten Gesellschaft gelten?

Der heutige Mensch in unserer modernen Gesellschaft ist – im Gegensatz zum Urmenschen – weitgehend befreit von dem Existenzkampf ums nackte Überleben. Aber wir sind einem Ringen um die Geltung von Verwirklichungen unserer Lebensgestaltung ausgesetzt. Der Mensch kann sowohl Raubtier als auch Weidevieh sein. Er kämpft auch heute noch in der Gemeinschaft mit anderen und in der Gesellschaft und er wird aufgrund seiner Erfolgsverwirklichungen gemessen, anerkannt und wertgeschätzt.

Erfolgsverwirklichungen bedürfen einer Strategie, die in uns ein willentliches Erfolgsstreben entfacht. Das Wort *‚Strategie‘* leitet sich aus dem altgriechischen *stratēgía* (*στρατηγία*) ab, das bedeutet Feldherr, Kriegsführung. Seit Carl von Clausewitz (1780–1831), preußischer Generalmayor, Heeresreformer und Militärwissenschaftler, verstehen wir das Wort ‚Strategie' heute schlicht als „Planung zum Erfolg". Man benötigt einen Plan, um einen zukünftigen Erfolg zu erringen, zu gewinnen oder zu verwirklichen. Einen Erfolg ohne zielgerichtete Planung realisieren zu wollen, hieße das Ziel des Erfolgsstrebens dem Zufall zu überlassen und dadurch mit höherer Wahrscheinlichkeit einen Misserfolg erleiden zu müssen. Deshalb sollte man, in seinem Streben nach Erfolg, einem sinnvollen Plan folgen. Planungen bestehen darin, einerseits eine positiv-erstrebende Erfolgsverwirklichung zu erreichen oder zu vollbringen und andererseits mögliche Fakten und Auswirkungen eines Misserfolgs in Betracht zu ziehen und zu vermeiden!

Aufgrund der psychischen, individuellen Natur des Menschen lassen sich zwei unterschiedlich Menschentypen charakterisieren: Zum einen den Typus des grundsätzlichen Erfolgstrebers, des Optimisten, Strebers oder Ergeizlings, welcher unter allen Umständen reüssieren will. Zum anderen charakterisiert der Typ des Misserfolgvermeiders, des Bedenkenträgers, des Pessimisten oder Feiglings, der eine Erfolgsbestrebung nicht wagt oder sie vermeidet. Die Verhaltensstrategien von Erfolgstrebern zeichnen sich durch optimistische, zukunftsgerichtete Planungsentwürfe aus, denen die Entscheidungen zur Erfolgsverwirklichung folgen. Derartiges Planungsvorgehen unterstützt den Erfolgsstrebenden, der in seinem Bewusstsein eher optimistisch-positive Zukunftserwartungen erfüllt oder erstrebt. Misserfolgsvermeider hingegen neigen dazu, den Ausgangspunkt ihrer Planungsentwürfe in einer Verhaltensstrategie des „schlimmsten Falls" ins Auge zu fassen und damit einer Strategie der Verteidigung folgen.

Erkenntniskategorien von Erfolgsbestrebungen

Unser Erkenntnisvermögen der Wahrnehmungen, der Gefühle, der Vernunft und des Verstandes sind naturgegebene Lebensgestaltungsweisen. Um diese als Bestrebung für erfolgreiche Entscheidungen einzusetzen, bedarf es einer Erweiterung, mit welcher die Erkenntnisse mit einem Maßnahmenrepertoire zur Verwirklichung umzusetzen sind. Mit dem Instrumentarium erfolgsgerichteter Maßnahmen erweitert sich das Tableau der Erkenntniskategorien um eine weitere Dimension, nämlich den Schichten von Lebensgestaltungsmöglichkeiten und den Gestaltungsmöglichkeiten von erfolgsgerichteten Maßnahmen. Deren Beschreibung, Beurteilung, Bewertung und Anwendung zeigt nachstehende Abbildung des Kubus der „Matrix von Erfolgskategorien“.

Matrix der Erfolgskategorien

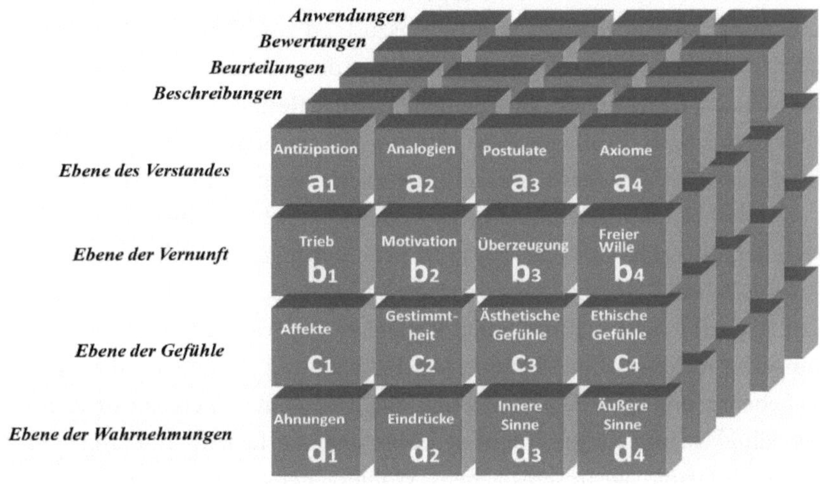

Den Menschen als ***„homo faber“***, kennzeichnet sein Streben des Gestaltens und der Verwirklichung von Erfolgen. Erfolge entstehen aus dem Wunsch heraus, den Visionen oder dem Streben, Gegebenheiten oder Veränderungen zu wünschenswertem Zustand zu vollbringen. Erfolgsbestrebungen unterscheiden sich, je nachdem welchen Erfahrungen (Erfolgtes), Notwendigkeiten (Zu-Erfolgendes), Gegebenheiten (Befolgtes) und Umständen (Gefolgtes) man sich tatsächlich oder vermeintlich ausgesetzt sieht.

Erfolgsstrategien der Konsilienz und Resilienz

Den Ausdruck ‚***Konsilienz***‘ (*franz.: Conciliance*) meint im wissenschaftlichen Verständnis einen Beweis oder eine Quelle von richtigen Schlussfolgerungen.

Im übertragenen Sinn verstehen wir Konsilienz umgangssprachlich als Anpassungsvermögen unseres Verhaltens oder unserer Entscheidungen. Wir streben danach, in kritischen oder fraglichen Situationen, mittels konsilientem Verhalten unserem inneren Gleichgewicht gemäß zu entscheiden.

Der Ausdruck ‚***Resilienz***' *(lat.: revilire)* bezeichnet einen Prozess oder ein Verhalten des Zurückweichens oder Widerstands. Resilienz ist eine prozessuale, physikalische Eigenschaft von Körpern, die nach Verformung durch einen Außeneinfluss wieder in ihren Ausgangszustand zurückkehren. Diese physikalische Gesetzmäßigkeit lässt sich auch auf die psychologische Verfasstheit des Menschen übertragen. Sinngemäß bedeutet Resilienz für den Menschen Widerstandskraft. Resilienzkräfte leisten einen wichtigen Beitrag zur Veränderung unseres Verhaltens, unserer Lebensverfassung oder Lebenseinstellung.

Erfolgsbestrebungen unterliegen – wie alles im Leben – einem Werden und Vergehen. Mensch und Natur sind den Veränderungen des Lebens ausgesetzt. Konsilienz und Resilienz sind dabei lebensgestaltende und verhältnismässige – aber gegensätzliche – Kräfte oder Strategien des Wachsens und Vergehens. Konsum (Verbrauch) und Kultur (Geschaffenes und Gestaltetes) dienen uns als Lebensgrundlagen. Konsumieren umfasst elementare Bereiche unserer Lebensfähigkeit und Kultur erhebt den Menschen zu Lebensgestaltungen und bilden die Grundlage unseres Lebens, Wohlergehens und Überlebens.

Resilienz oder Konsilienz erzeugen entweder einen Druck oder Sog auf die Erfolgsbestrebung. Motivationen können aufgrund eines Drucks, zum Beispiel einer Bevormundung oder einer Erwartung angestoßen werden oder aufgrund eines Sogs von imperativen Motiven erzeugt werden. Druck oder Sog einer Motivation berühren und steuern unsere Interessen oder unsere Gefühlsdispositionen. Richtige und empfindsame Worte und Sprache schaffen Bedeutungen und Grundlage für Erfolgsverwirklichungen.

Felder der Resilienz und Konsilienz

	Materielle Güter	Immaterielle Güter
Sachen oder Dinge des Lebenserhalts	*Konsum und Nahrung*	*Anschauungen und Vorstellungen*
Objekte der Lebensfreude	*Objekte des Nutzens und Erfolges*	*Einstellungen und Erlebnisse*
Gegenstände der Geltung	*Materielle, begehrte Produkte*	*Dienste des Genusses und Prestiges*

2 Erfolgsstrategie des Standhaltens oder der Veränderung

Jeder, der nach dem Erfolg einer Idee, eines Produktes oder einer Dienstleistung strebt, fühlt sich ursächlich eingebunden in die Verwirklichung seiner Erwartungen, Vorstellungen, Anschauungen. Diesen subjektbezogenen Antrieben eines Strebens nach Erfolg stehen objektbezogene Gegebenheiten und Möglichkeiten gegenüber. Zukünftige Erfolge sind nie vollständig und sicher vorauszusagen. Mit einem methodischen Ansatz sollten die wesentlichen Erfolgseinflüsse bestimmt und quantifiziert werden, um die Erfolgsbestrebungen und erfolgsgerichtetenEntscheidungen und Handlungen zu verwirklichen.

Ideen oder Gestaltungen – zum Ziele einer Erfolgsverwirklichung – können aus erlebten Erfahrungen oder aus angewöhnten Ursachen heraus sich als nützlich und angemessen oder als fortschrittlich und erstrebenswert erweisen. Jede Erfolgsbestrebung wirft eine grundlegende Entscheidungs- und Gestaltungsfrage auf: Sollte man einen Erfolg eher aufgrund des Standhaltens von Bewährtem verwirklichen oder besitzt man den Mut und den Optimismus, die Unsicherheit einer Erfolgsverwirklichung einzugehen oder zu überwinden versuchen. Zwei grundlegende Fragen in Bezug zu einer Erfolgsstrategie des Standhaltens von Bewährtem oder dem Streben nach dem Neuen stellen sich den Erfolgsstrebenden:

- Welche Erfolgserfahrungen und Erfolgspräferenzen besitzt der erfolgsstrebende Mensch aufgrund seiner Dispositionen und Einstellungen?
- Welche Erfahrungswerte des Bewährten, Erprobten oder Erlebten dienen ihm als Entscheidungsgrundlagen seiner Erfolgsbestrebungen?

Diese beiden vorgenannten Fragen stellen sich den Erfolgsstrebenden und man wird sie aus seinen subjektiven Urteilen, Erfahrungen oder Kenntnissen beurteilen und anwenden. Da aber eine Beurteilung eines zukünftigen Erfolges mit Unsicherheiten behaftet ist, kann die Subjektivität von Erfolgsstrebenden nicht als verlässlicher Maßstab von Erfolgsverwirklichungen dienen. Ziele und Wunschdenken des nach Erfolg strebenden Menschen bedürfen einer objektivierten Bestimmung und Wertebemessung. Soweit wie möglich sollte der nach Erfolg strebende Mensch sich den Unwägbarkeiten zukünftiger Ereignisse bewusst sein.

Die Erfahrungsweisheit „Alles ist im Fluss" stellt uns vor die Frage, ob wir unser Streben nach Erfolgsverwirklichung durch Entscheidungen des Standhaltens oder des Veränderns anstreben sollten. Da realisierte Erfolgsbestrebungen erst im Nachhinein offenbar werden, sind Entscheidungen zu Erfolgsverwirklichungen auch von Zufällen und Unwägbarkeiten abhängig. Beispielsweise drückten die großen Denker der Moderne Erfolgsverwirklichungen in folgenden Sinnsprüchen aus:

> „Man muss die Zukunft im Sinn haben und die Vergangenheit in den Akten." (Charles-Maurice de Talleyrand-Périgord)

> „Die Zukunft ist als Raum der Möglichkeiten der Raum unserer Freiheit." (Karl Jaspers)

> „Die überragende Zukunftsfrage ist das Überleben der Schöpfung." (Richard von Weizsäcker)

> „Erfahrung heißt gar nichts. Man kann seine Sache auch 35 Jahre schlecht machen!" (Kurt Tucholsky)

> „Erfolg ist ein Deodorant. Es entfernt alle Gerüche der Vergangenheit." (Elizabeth Taylor)

> „Hindernisse und Schwierigkeiten sind Stufen, auf denen wir in die Höhe steigen." (Friedrich Nietzsche)

> „Der Ziellose erleidet sein Schicksal, der Zielbewusste gestaltet es." (Immanuel Kant)

> „Am Mute hängt der Erfolg." (Theodor Fontane)

Es stellt sich dem nach Erfolg strebenden Menschen die grundsätzliche Frage, ob man Bewährtes oder Gewohntes verändern sollte oder müsste. Soll man das Risiko von unerprobten, ungewissen, unbekannten und unsicheren Bestrebungen nach einem Erfolg eingehen und sich den Unsicherheiten, dem glücklichen Zufall oder dem Ausgeliefertsein ergeben? Welche Gegebenheiten und Fakten sprechen für ein Standhalten am Bewährten, Sicheren und Bekannten?

Oftmals versprechen neue oder innovative Zukunftsaussichten oder Planungsansätze bessere oder weite Felder oder Horizonte für Erfolgsverwirklichungen. Man sollte offen sein für das Neue und dessen möglichen Erfolgschancen. Das Neue weckt unsere Aufmerksamkeit und kann Interessen gebären. Mit einer zielgerichteten Erfolgsstrategie könnten sich neue Zukunfts- oder Lebenssichtweisen als sinnvoll darstellen und dadurch Bestrebungen für neue oder bessere Lebensgestaltungen geweckt werden, die sich in verbesserte zielführende Erfolgsbestrebung einfließen lassen. Aber kann man sich neue Ansätze oder Bestrebungen gegenüber unsicheren oder undefinierten Erfolgsbestrebungen leisten und diese wagen?

Menschen neigen dazu, gegebenenfalls sowohl Neues als auch Altes wertzuschätzen. Zum Beispiel kann man Oldtimer-Autos, historische, althergebrachte Werke oder Gestaltungen lieben und sich an epochalen, alten Kulturdenkmalen oder liebgewonnenen Lebenserfahrungen erfreuen und sich an diesen Werten festhalten. Andererseits ist der Mensch sehr aufgeschlossen Neues zu erfahren, Unbekanntes kennenzulernen oder zu besitzen und wertzuschätzen. Allem Neuen ist zumeist ein Erfolgsmythos oder ein Erfolgsversprechen zu eigen.

Ob nun eine Erfolgsplanung zur Realisation eines Erfolges aufgrund eines Standhaltens am Bekannten und Bewährten sich leichter oder eher auszahlt als das Wagnis und das Risiko, Neues, Unerprobtes und noch Unbekanntes zum Erfolg zu führen, wird grundlegend von der Faktenkenntnis, Seriosität, Expertise und Erfahrung des Erfolgsplanenden abhängen. Folglich sollte in jedem Fall eine Abwägung der Vor- und Nachteile sowohl eines Standhaltens oder eines Veränderns von Erfolgsbestrebungen stattfinden. Dabei erweist sich eine geistige Vorwegnahme zukünftiger Ereignisse als unerlässlich. Für eine vorgesehene oder erwogene Erfolgsverwirklichung sollten Planungsentwürfe durchdacht und festgeschrieben werden. In strategischen Szenarien des Standhaltens oder der Veränderung sollten erstrebte zukünftige Erfolge systhematisch analysiert, bedacht und beurteilt werden.

Nachstehende Matrix zeigt ein Raster von Planungsentwürfen der Erfolgsstrategien des Standhaltens oder der Veränderung aufgrund der Sie ihre Erfolgsverwirklichung strategisch planen könnten:

Einschätzung des Risikos und des Erfolges von Erfolgsbestrebungen	**Erfolgsstrategie: Standhalten**	**Erfolgsstrategie: Veränderung**
Mögliches Investitionsvolumen der zu realisierenden Erfolgsbestrebung?		
Geschätzte Zeiträume oder Zeitpunkte der Erfolgsentscheidungen?		
Mögliche Partner, Nutzer, Gegner Unterstützer der Erfolgsbestrebung!		
Hindernisse, die Ihrem Engagement oder der Ablehnung entgegenstehen?		
Welche Fakten sprechen für Ihr Engagement an dem Erfolgsprojekt?		
Szenario des schlimmsten Falls. Ihres Engagements für das Erfolgsprojekt!		
Weshalb euphorisiert Sie Ihre Bestrebung der Erfolgsverwirklichung?		
Welche realistischen Folgen sehen Sie mit dem Erfolg Ihres Projekts?		
Wie könnten Sie einem Scheitern Ihres Erfolgsprojekts begegnen?		
Was erwarten Sie wird sich mit ihrer Erfolgsverwirklichung verändern?		
Von welchen Fakten Ihrer Erfolgsbestrebung können Sie ausgehen?		

3 Erfolgsrezepte hoffnungsvoller Lebensgestaltungen

Der Lauf der Zeit und der Geschichte zeigt uns, dass nichts unveränderlich bleibt. Es gibt Ereignisse, Hindernisse und Überflüssiges auf dem Weg zum Erfolg. Aufgrund eines Misserfolgs empfinden wir ein Mangelerlebnis. Wir streben nach einem Erfolg, indem wir versuchen einen Mangel zu vermeiden oder zu beheben und damit unseren Erfolg abzusichern. Oft sind es kleine Begebenheiten, die unser Leben beeinflussen, uns erfreuen oder unsere Befindlichkeit erschweren. Deshalb neigen wir dazu, unsere Lebensgestaltungen mittels kleiner Strategien des Misserfolgvermeidens vorauszusehen und gegebenenfalls zu verbessern. Unseren Bestrebungen nach Erfolg begleiten und unterstützen wir durch „Zutaten" der Mängelbehebungen.

Man stelle sich eine Festlichkeit vor mit Festessen anlässlich eines Jubiläums. Im Wesentlichen geht es dabei darum, einen Erfolg zu feiern. Die Feier ist der Rahmen, in dem ein erstrebter Erfolg versinnbildlicht wird. Zum Beispiel besteht ein Festessen aus Zutaten, die den Gästen ins Auge fallen oder den Magen füllen sollten. Oder, auf dem Fest wird von einem Redner oder einem Musiker ein beliebtes, tiefsinniges oder lustiges Intermezzo in Form einer auffälligen und bemerkenswerten Darbietung eines Erfolgsereignisses geboten.

Man wird sich gern an diese Zutaten erinnern, die für die Verwirklichung eines Erfolgs stehen. Die Zutaten sind das Extra, das oftmals stärker in den Erinnerungen bleibt als der Erfolgsgegenstand oder der Erfolgsanlass selbst. Manchmal können diese Zutaten wertvoller sein als das eigentliche Erfolgswerk. Die Strategien – oder das Rezept – eines geplanten Erfolges besteht in diesem Fall darin, den erreichten Erfolg dem Publikum, den Interessenten, der Öffentlichkeit und/oder dem Markt zu zeigen oder zu vermitteln, obwohl das Erfolgsrezept selbst verborgen bleibt.

Es kann aber auch sein, dass Zutaten zu einem Erfolgswerk vom Publikum, der Öffentlichkeit oder den Fachexperten gar nicht bemerkt werden, obwohl diese aber für die Erfolgsverwirklichung selbst von entscheidender Bedeutung für das Gesamtwerk des Erfolges sind. Beispielsweise bleibt zumeist verborgen, welche Anweisungen, Ausführungen oder Verarbeitungen zum Vollbringen eines Erfolges notwendig waren oder erfolgten. Jede Erfolgsbestrebung zielt auf eine Wirkung ab, deren Erfolgswirkung aber durchaus geheim oder verborgen bleiben kann. Zutaten sind die Essenz, das Wesentliche von Erfolgen. Im Allgemeinen will man mit einer Erfolgsleistung etwas erreichen und ein gesetztes Ziel verwirklichen. In der Regel sind Erfolgsverwirklichungen kein Zufallsergebnis, sondern sie resultieren aus gezielten Bestrebungen oder sogar aus wissenschaftlichen Forschungen oder genialen Ideen.

Einen Erfolg zu verwirklichen bedeutet ein schöpferisches Werk zu vollbringen, welches sowohl aus Ideen und/oder aus Werken bestehen kann. Ideen bilden die Grundlage oder den Ausgangsanstoß zu Erfolgsbestrebungen, welche in Vorstellungen von Begriffen über Dinge gefasst werden. Diese Vorstellungen nehmen wir als Erscheinungen oder Anschauungen wahr und formen unsere Gedanken oder Bilder über Sachverhalte. In diesem Sinne liegt in den Zutaten eine wesentliche Ideenkraft für Erfolgsbestrebung.

Andererseits können Zutaten unserer Lebenswelt uns auch einschnüren in einen Mangel, in eine Not oder in einen Bedürfniszustand des Begehrens. Aus diesen Notständen einer gefühlten Einschränkung streben wir nach einer Befreiung. Unser Augenmerk richtet sich in diesen Fällen auf Ideen des Erfolges, die uns Neues und Besseres versprechen und uns Hoffnung verleihen. Neues zieht unsere Aufmerksamkeit an, weil wir darauf hoffen mit neuen Ideen unsere Lebenswelt verbessern zu können. Innovationen und Erfindungen wecken unsere Aufmerksamkeit und bieten Chancen, wie wir eine Verbesserung unserer Lebenswelt erstreben können. Es ist nicht so, dass Neues immer das Bessere sei, aber neue Ideen, Innovationen und Erfindungen wecken in uns Hoffnungen und Erwartungen. Zumindest öffnen neue Ideen der Erfolgszutaten unser prüfendes Interesse. Dadurch können neue Erfolgsanstöße gefunden werden.

Ziel und Sinn jeder Innovation, Erfindung oder Neuerung besteht darin, eine Erfolgsverwirklichung anzustoßen. Ob diese gelingt, hängt sowohl vom Initiator oder Ideengeber ab, als auch vom Objekt oder auch den Umständen. Es bedarf einer Strategie, mit der Sie den Erfolg ihrer Innovation, Erfindung oder Neuerung zu einer Verwirklichung unterstützen können. Wir Menschen besitzen Wahrnehmungssinne, mittels derer wir unsere Welt als Wirklichkeit verstehen. Ob wir die Wirklichkeit eines Erfolges wahrnehmen, liegt in unserem Erkenntnisvermögen und in unserem Weltbild. Erfolg bemessen wir aufgrund von Wahrnehmungen unserer Lebenswelt. Dabei stellt uns Hoffnung Erfreuliches in Aussicht.

Oftmals beruht die Erfüllung unserer Hoffnungen auf Erfolgswünschen und auf unseren Sehnsüchten, denen zumeist Barrieren und Einschränkungen im Wege stehen. Die Hoffnung stellt eine Überwindung oder Aufhebung von Misserfolgen in Aussicht, mahnt uns aber zugleich vor Übermut und der Leichtfertigkeit.

In der heutigen Zeit der Allverfügbarkeit des Internets, der Künstlichen Intelligenz und Informationen, verführen uns diese zu einer scheinbaren Sicherheit, Richtigkeit und Wahrheit von Tatsachen und Erkenntnissen. Trotzdem fürchten wir uns vor Fremdbestimmungen, Manipulationen oder dem Misslingen. Das Neue und Unbekannte kann in uns unbewusst Befürchtungen oder Ängste wecken, die wir durch Zutaten beheben wollen.

Die Hoffnung erweist sich als eine Energiequelle unserer Lebensgestaltungen. Während durch Furcht oder Befürchtungen in uns das Zukünftige eher negative Vorstellungen oder Erwartungen weckt, verbinden wir mit dem Hoffen positive Erwartungen. Wer hofft ist zuversichtlich und eher frohgemut. Die Hoffnung ist eine Energiequelle und eine Kraftspenderin für uns und eine erstrebenswerte Haltung und Tugend. Ein Leben ohne Hoffnung gibt uns keinen Trost und kann nicht erstrebenswert sein.

Keinesfalls ist das Hoffen nur ein Wünschen oder Begehren. Hoffnungen wecken in uns transzendente Vorstellungen, durch die wir hinausgreifen über das Gegebene. Wünsche und das Begehren sind egozentrisch, aber Hoffen ist die Bewegung des Individuums über die Grenzen seines Ichs hinaus. Wer jedoch blind auf die Hoffnung setzt, läuft Gefahr zu scheitern. Eine Zutat vermag eine Hoffnung auf Erfolgsverwirklichung bewirken oder zumindest lindern und uns gegebenenfalls von Abhängigkeiten und Einschränkungen befreien und uns neue Horizonte öffnen.

Eine treibende Erfolgskraft liegt in unserer Demut. Erfolgsbestrebungen, die vom Hochmut getragen werden, verführen uns zum Scheitern. Einen kleinen Beitrag zu der Leistung einer Erfolgsverwirklichung vermag uns über den zu beschreitenden Weg der Offenbarung und der Enthüllung leiten. Ohne diesen Hoffnungsweg geraten wir in die Not einer Apokalypse des Hungers und Heimat- und Kulturverlustes oder wir verfallen der Versklavung und Ächtung unserer Lebenswelt.

IMMANUEL KANT (1724–1804) formuliert die drei großen Fragen:

Was kann ich wissen? Was soll ich tun? Was darf ich hoffen?

Im Zentrum dieser Postulate steht das „**Ich**", unterschiedlich sind die Modalitäten: **Können, Sollen, Dürfen**. Der Wille des Menschen – seine praktische Vernunft – folgt Grundsätzen, sogenannten Maximen, die als allgemeine Gesetze gedacht und gewollt sind. Der Mensch folgt also nicht allein äußeren sozialen oder persönlichen Vorgaben und Zugaben einer fremden Gesetzlichkeit, sondern er sucht seinen eigenen Willen zu finden. Er handelt autonom, aus seiner praktischen Vernunft heraus.

Entwickeln Sie aus nachstehender Matrix einen Planungsentwurf für die Erfolgsstrategie von Zutaten oder Versprechungen, mittels denen Sie ihre Erfolgsverwirklichung strategisch planen könnten:

Repertoire ihrer Erfolgszutaten und Erfolgshoffnungen	**Zutaten zu ihrer Erfolgsstrategie**	**Hoffnungen der Misserfolgsvermeidung**
Mögliches Investitionsvolumen der zu realisierenden Erfolgsbestrebung?		
Geschätzte Zeiträume oder Zeitpunkte der Erfolgsentscheidungen?		
Mögliche Partner, Nutzer, Gegner Unterstützer der Erfolgsbestrebung!		
Hindernisse, die ihrem Erfolgsengagement entgegenstehen könnten?		
Trifft oder widerstrebt Ihre Erfolgsbestrebung den aktuellen Zeitgeist?		
Was ist das Besondere oder Außergewöhnliche Ihres Erfolgsstrebens?		

Repertoire ihrer Erfolgszutaten und Erfolgshoffnungen	Zutaten zu ihrer Erfolgsstrategie	Hoffnungen der Misserfolgsvermeidung
Worin sehen Sie die sicherste Erfolgschance Ihres Bestrebens?		
Was fördert oder behindert die Verwirklichung Ihres Erfolges?		
An welchen kleinen Ereignissen des täglichen Lebens erfreuen Sie sich?		

4 Der persönliche Wille zur Erfolgsverwirklichung

Der Wille des Menschen besteht in seiner praktischen Vernunft. Das Vernünftige kennzeichnet sich in den absoluten und allgemeinen Gesetzen, die gedacht oder gewollt werden. Dies gründet eine universalistische, für alle Menschen gleichermaßen gültige, Ethik. Der Mensch strebt nicht nur nach äußeren sozialen oder persönlichen Vorgaben einer fremden Gesetzlichkeit, sondern auch nach seinem eigenen Willen. Er handelt autonom, aus der eigenen praktischen Vernunft heraus.

Der Mensch strebt nach seinem Erfolg, weil er gegenüber den Unbilden seines Lebens und der Welt obsiegen will. Der Philosoph FRIEDRICH WILHELM NIETZSCHE (1844–1900) beschreibt in seinen Werken ‚*Menschliches, Allzumenschliches*' und ‚*Jenseits von Gut und Böse*' dass jeder Mensch seine Fähigkeiten nur durch den Kampf, den Wettkampf zur Vollendung seines Erfolges verfolgt. Er hegt tiefes Misstrauen gegen alle, welche den Wettkampf scheuen. Keiner wünsche dem anderen zu helfen, vielmehr wolle der Mensch über den Menschen herrschen und seine Macht und seinen Erfolg mehren. Manchmal muss man Negatives aushalten und durchhalten!

Der Typus des willensstarken Menschen zeigt sich in seiner Persönlichkeit. Welche Willensstärken leiten Sie zum Erfolg? Mit nachstehenden Fragen finden Sie aus ihren Antworten heraus:

1. Lieben Sie Glücksspiele?

○ Ja, Glückspiele reizen mich, weil der Zufall entscheidet
△ Nein, Glück beim Spiel ist ein Zufallserfolg
□ Die Idee durch Glückspiel einen Erfolg zu erreichen, ist mir fremd

2. Glauben Sie letztendlich an Gerechtigkeit?

○ Aufgrund der Rationalität können Erfolgsideale nicht immer verwirklicht werden

△ Gerechtigkeit ist ein Ideal, dass in unserer Gesellschaft nicht zu erleben ist

□ Ja, Gerechtigkeit wird sich durch politische Ziele unbedingt durchsetzen

3. Erfolge sind eher Unwahrscheinlich!

○ Der unwahrscheinliche Erfolg ist oft die einzige Rettung

△ Man muss mit der Unwahrscheinlichkeit eines Erfolgsstrebens rechnen

□ Das Unwahrscheinliche eines Erfolges ist die Herausforderung

4. Was denken Sie, wenn Sie mit Ihrem Erfolgsplan scheitern?

○ Sie suchen den oder die Schuldigen und klagen diese an

△ Sie sind vollkommen verzweifelt und betrinken sich mit guten Freunden

□ Sie raffen sich auf und studieren Ursachen und Wirkungen

5. Sie sehen Ihre Erfolgsverwirklichung als sehr wahrscheinlich!

○ Ich erwarte durchaus das Unwahrscheinliche, das Besondere und Einzigartige

□ Das Wahrscheinliche tritt mutmaßlich ein und darauf baue ich

△ Nur wenn ich mich anstrenge, kann ich meinen Erfolg erringen

6. Wodurch begegnen Sie der Ungewissheit Ihres Erfolgsstrebens?

△ Die Zukunft ist offen. Sie kann Scheitern und Erfolge mit sich bringen

○ Meine Ziele sind positiv und richtig, deshalb werde ich Erfolg haben

□ Die Unsicherheit eines Erfolges ist ungewiss, aber nicht Anlass zur Sorge

7. Sie sehen eine ganz kleine Chance Ihre Erfolgsbestrebung!

□ Sie sind sehr unsicher, ob Sie Erfolg haben werden

△ Sie sind enthusiastisch in Ihren Erfolgsbestrebungen

○ Sie gehen fest davon aus, dass Sie Erfolg haben werden

8. Welche Reaktion treffen Sie, wenn Ihre Erfolgsaussicht zu scheitern droht?

○ Sie sind völlig sicher, dass Ihre Erfolgsbestrebungen glücklich ausgehen

△ Sie informieren sich sehr genau über die Chancen und Risiken des Erfolges

□ Sie ziehen alle möglichen Unwägbarkeiten des Scheiterns in Betracht

9. Was antworten Sie auf die Kant'sche Frage: Was soll ich tun?

□ Wir sind uns gewiss, dass wir für unsere gute Erfolgsplanung belohnt werden

△ Wir Handeln nur nach dem Wahrscheinlichsten, alles andere wäre irrational

○ Wir ziehen das Unwahrscheinliche in Betracht und entscheiden vorsichtig

10. Wie beurteilen Sie die Zukunft unserer Lebenswelt?

○ Sie machen sich große Sorgen um die Zukunft unserer Welt

□ Sie sorgen sich nicht, da Sie selbst nichts ändern können

△ Sie halten es für sinnvoll, sich auf zukünftige Veränderungen einzustellen

11. Sie erkennen bei Ihren Erfolgsbestrebungen einen mächtigen Konkurrenten!

△ Ich kann den Erfolg schaffen, auch wenn es schwer werden wird

○ Die Konkurrenten um den Erfolg sind Flaschen und ich werde gewinnen

□ Befürchtungen nützen nichts und ich konzentriere mich auf das Hier und Jetzt

12. Was denken Sie über die Zukunft unserer Gesellschaft?

△ Aufgrund der Wissenschaften wird unsere Gesellschaft voranschreiten

□ Wir sollten die Gesellschaftsentwicklungen kritisch beobachten

○ Die Entwicklung der Gesellschaft ist weniger in Betracht zu ziehen

13. Wodurch erkennen Sie die Zuverlässigkeit von Partnern?

△ Aufgrund von Empfehlungen unbekannter Personen

○ Aufgrund von persönlichen Erfahrungen mit ihnen

□ Ich kann mich auf bekannte und bewährte Partner verlassen

14. Worin liegen die größten Befürchtungen Ihres Erfolgsstrebens?

□ Meine Erwartungen übersteigen zumeist die Realität

△ Ich bemühe mich um vorausschauende Vorsicht

○ Es ist keine Option, größte Befürchtungen nicht zu haben

15. Angenommen Sie haben Pech, wie reagieren Sie darauf?

○ Sie suchen die Ursache Ihres Pechs zu ergründen

△ Sie sehen Ihr Pech als Schicksal an

□ Sie vermeiden fürderhin Ihre Erfolgsbestrebung

16. Ist Ihre Erfolgsbestrebung mit Mut verbunden?

□ Sie sind durchaus sehr mutig in Ihrer Erfolgsbestrebung

△ Sie verbinden Verstand und Intuition in Ihren Erfolgsentscheidungen miteinander

○ Sie sind optimistisch in Ihrem Erfolgsstreben

17. Sind Erfolgsträume für die Verwirklichung Ihres Vorhabens von Bedeutung?

○ Ja – in jedem Fall, in Tagträumen erfährt man das Mögliche

□ Ich habe keine Erfolgsträume und würde ihnen keine Bedeutung beimessen

△ Ich konzentriere mich voll auf die Realität

18. Wem könnten Sie das Scheitern Ihre Erfolgsbestrebung anlasten?

□ Sie maßen niemandem anderen als sich selbst ein Scheitern des Erfolges an

○ Auf alle Fälle vertrauen Sie den statistischen Werten und halten sich an diese

△ Sie setzen sich ernsthaft mit den gegebenen und möglichen Behinderungen auseinander

Welcher Willenstypus sind Sie?

Berechnen Sie das Profil Ihrer Willenskraft:

(1) Verorten Sie auf der horizontalen Achse nachstehender Abbildung Ihre Antworten mit den ungeraden Ziffern, wobei gilt: ○ +1 Punkt; □ 0 Punkte; △ –1 Punkt.
Die Summe der Punkte bei den Fragen der ungeraden Ziffern auf der horizontalen Achse ergibt Ihren Standpunkt des Wollens auf der Wahrscheinlichkeitsachse.

(2) Verorten Sie sich auf der vertikalen Achse nachstehende Abbildung Ihre Antworten mit den geraden Ziffern, wobei gilt: ○ +1 Punkt; □ 0 Punkte; △ –1 Punkt.
Die Summe der Punkte bei den Fragen mit gerader Ziffer ergibt Ihren Standpunkt der emotional-rationalen Wahrscheinlichkeitsachse.

Der Typus des erfolgsstrebenden Menschen

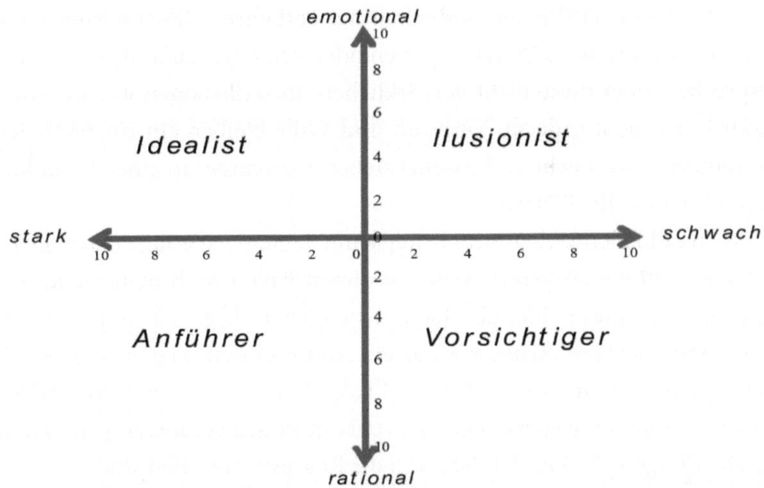

Die Summe der Punkte bei den Fragen mit gerader Ziffer ergibt Ihren Standpunkt der emotional-rationalen Wahrscheinlichkeitsachse.

Der Idealist besitzt in seiner Willenskraft keine Bodenhaftung, da sein Wille nicht durch die Wirklichkeit gedeckt ist. Idealisten gehen hoch motiviert an ihre Projekte und wenden sich mit größten Erwartungen den neuen Beziehungen und Aufgaben zu. Ihr Wille, Erfolge zu verwirklichen, mag stark sein, aber auch hoch emotional. Idealisten können hervorragende Anführer werden, wenn sie ihr Vorhaben mit großer Stärke durchzusetzen vermögen. Diese Bereitschaft sowohl Idealist zu sein, als auch prägender Anführer zu werden, kennzeichnet den Erfolgstypus, der seine Ziele oder seine Vorhaben erfolgreich zu verwirklichen vermag.

Starke Führungspersönlichkeiten sind guten Mutes und keine idealistischen Träumer. Als Optimisten erstreben sie Erfolgsverwirklichungen. Sie besitzen das Selbstvertrauen, erfolgreich zu sein. Dieses Selbstbewusstsein verleiht ihnen Kraft und Vertrauen, Probleme und Schwierigkeiten zu lösen. Im Erfolgsbestreben sehen Sie durchaus Unwägbarkeiten und Gefahren, aber ihr Denken und Handeln wird geleitet von Rationalität. Dies macht sie zum Anführer.

Der Illusionist kann – einem Traumtänzer gleich – leeren Versprechungen und Hoffnungen folgen oder sich diese vorgeben. Diese Ansinnen können ohne Hand und Fuß jeder Bodenhaftung entbehren. Illusionisten können hoch motiviert in neue Projekte starten oder sich neue Zukunftserwartungen versprechen, aber diese nicht verwirklichen. Ihre Illusionen werden von der Wirklichkeit nicht gedeckt. Vernunft und Wille bleiben ein Korrektiv leerer Hoffnungen. Zuversicht und Zweifel stehen zueinander in einer produktiven Spannung ohne Realitätssinn.

Einen radikalen Willen zum Erfolg kann denjenigen erfassen, der sich Not und Verzweiflung ausgesetzt sieht. In diesen Fällen weiß man nicht, wie es weitergehen soll und ob es überhaupt einen ‚Danach' geben kann. Aber trotz dieser Ohnmachtserfahrung vermag ein Anführer den Weg in eine neue Zeit oder eine neue Situation finden. Radikales Hoffen ist kein bloßes Wunschdenken. Es setzt hingegen ein gutes Urteilsvermögen voraus, aufgrund dessen Entscheidungen für das Handeln und die Zukunft zu treffen sind.

5 Erfolgsprinzip des verzweigten Denkens

Mag das Übel in der Welt uns zum Verzweifeln bringen, so sollten wir dennoch die Hoffnung, die Wünsche und Träume nicht aufgeben. Der Psychologe SIGMUND FREUD (1856–1939) sah in Wünschen den Ausdruck eines in der Vergangenheit erlittenen Mangels. ERNST BLOCH (1885–1977) hingegen entdeckte in ihnen vielversprechende Keime eines überquellenden Morgens. Entwicklungskräfte des Erfolgs entstehen aus unserem Willen und Denken, die mit Eigenschaften wie Geduld, Vertrauen, Mut, Zähigkeit, Leidenschaft, Widerstandskraft, Nachsicht, Ausdauer, Leidensfähigkeit verbunden sind. Unser Erfolgsdenken folgt dem Voranschreiten unserer Erkenntnisse aufgrund des Unterscheidens von Gegebenheiten und Tatbeständen. Je genauer wir im Denken und Wollen Begriffe in ihren Zusammenhängen und Bedeutungsverästelungen unterscheiden, desto größer entsteht auf diese Weise die Ordnung unseres Wissens. Denken und Wissen erschließen uns Potenziale, Erfolge zu verwirklichen. Ohne Denken und Wissen erliegen wir den Zufallsgestaltungen.

Ausgehend von einem Stamm unseres angeborenen, erfahrenen und gelernten Wissens wachsen unsere Kenntnisse. Vergleichbar dem Stamm eines Baumes mit seinen Verästelungen und Verzweigungen wächst unsere Denkstruktur als Ordnungssystem des Wissens und Verstehens. Das Erfolgssystem unseres Denkens zeigt sich in den geordneten Verzweigungen unseres Wissens und Erkennens. Je mehr wir imstande sind unsere Verzweigungen des Denkens zu nutzen, desto intelligenter und sinnvoller sind unsere intellektuellen Erfolge. Die Baumstruktur des Denkens und Wissens erscheint uns naheliegend, sinnvoll und logisch. Wir denken und erkennen aufgrund Verzweigungen unserer Vorstellung von einem Ausgangspunkt oder Begriff zu Ästen des weiteren Verstehens und Begreifens.

Über das Baum-Denkmodell hinaus vermag sich unser Denken und Wissen wie ein Rhizom erweitern. Rhizome sind unterirdische, wurzelähnliche, horizontal und vertikal wachsende Sprosslinge, von krautigen Pflanzen ausgebildet. GILLES DELEUZE (1925–1995) und FELIX GUATTARI (1930–1992) charakterisierten den botanischen Begriffs Rhizom als Ordnungsmodell unseres Denkens und Wissens, das ein wucherndes Gebilde ohne Unten und Oben, ohne Anfang und Ende darstellt. Jeder Erkenntnispunkt kann mit jedem anderen verbunden werden und neue Verbindungen eingehen. Denken und Wissen sind uns als netzartige Oberfläche gegeben, welche in allen Dimensionen wuchert und sich im Wachsen verändert. Das Rhizom-Denkmodell erlaubt Kreuzungen, Überschneidungen und Querverbindungen unseres Denkens und Wissens und erweist sich für die Wissenswelt als unbedingt notwendig. Rhizom-Denkstrukturen eröffnen uns insbesondere innovative Gedankengänge.

Beides – die binäre Logik der Baumverzweigung wie auch das Ordnungsmodell der Rhizom-Wucherungen – sind jeweils Denkmuster und Wissensstrukturen, die uns zu neuen Erkenntnissen führen können. Diese intellektuellen Vorgehensweisen des Denkens öffnen uns mögliche Wege zu Erfolgsverwirklichungen, die über Logik und Denkordnung hinaus uns eine persönliche Einstellung zur Erfolgsverwirklichung öffnen. Wir vermögen Erfolgsbestrebungen durch unsere Energiequelle und Kraftspenderin des Hoffens zuz unterstützen. Befürchtungen und negative Vorstellungen hingegen verfestigen unser Denken und beschweren das Öffnen des Bestrebens und die Hoffnung, neue Erfolgswege zu begehen.

Neben den Denkmodellen der Baumverzweigungen und Rhizom-Wucherungen nutzen wir eine Denkstruktur des Nachdenkens. Im Nachdenken erinnern wir uns des Gegebenen und des Erlebten in unserem Bewusstsein in unterschiedlichen Zeitdimensionen. Zum einen erinnern wir uns aufgrund der Erfahrungen unserer Lebenswelt und zum anderen schöpfen wir aus unserem Erleben Erfahrungen des Wissens. Wir bauen auf unsere Erfahrungen und auf unser Wissen, um bekannte und neue Erfahrungen und Kenntnisse zu gewinnen. Unser Denken aufgrund unserer Erfahrungen und Kenntnissen belebt unseren Schatz von neuen Möglichkeiten der Erfolgsverwirklichungen. Dies sei an dem nachstehenden praktischen Beispiel einer Erfolgsverwirklichung dargestellt.

Man stelle sich einen Urmensch vor, der Werkzeuge und Verfahren erfand, um seine Lebensbedingungen erfolgreich gestalten zu können. Abgesehen von der Nahrungssuche und der Ernährung fand und erfand er Werkzeuge, um seine Lebensbedingungen zu verbessern und sicherstellen zu können. Um zum Beispiel zwei Gegenstände miteinander zu verbinden oder diese zusammenfügen zu können, wird er seine Hände benutzen. Aber Kraft und Geschick der Hand eines Menschen werden nicht ausreichen, um große Werkstücke herzustellen oder miteinander zu verbinden. Dazu bräuchte es unterstützende Hilfsmittel. Er könnte z. B. mittels der Werkzeuge, Hammer und Nagel, Werkstücke miteinander verbinden. Der Hammer verstärkt die Funktion der Hand. Der Nagel vermag Werkstücke zu verbinden und zusammenzuhalten. Das Handwerkergeschick, mit Werkzeugen Gegenstände zu verbinden oder herzustellen, erfordert Können und Erfahrung, dass durch Erfahrung, Denken und Wissen erworben wird.

Hammer und Nagel sind vom Menschen geschaffene und/oder genutzte Werkzeuge, die eine Werkleistung des Menschen unterstützen. Mittels Werkleistungen vermag der Mensch Werke zu vollbringen und dadurch seine Lebenswelt zu verbessern und zu gestalten. Um Werke zu vollbringen, bedarf der Mensch – neben den Werkzeugen – eines Geschicks und eines Wissens. Diese Werksgeschicklichkeit eignet sich der Mensch durch Übung und praxisbezogenes Denken und Tun an. Das handwerkliche Denken folgt der Wahrnehmung von Erfolgsmaßstäben und Erfolgsvorgaben. Handwerkliche Leistungen des Gebrauchens nutzt und erschafft der Mensch aus seinem Wissen und Können, das seinem Denken entspringt.

Die Wahrnehmung von Erfolgsmaßstäben entsteht folglich aus dem Denkhorizont des jeweiligen werktätigen Menschen und seiner Werke. Handwerkliches Geschick führt zum Erfolg, wenn es auf vorgedachten Routinen und Können beruht. Die Absicht und der Wille handwerkliche Werke zu vollbringen, entspringt einem praxisbezogenen Denken und Fühlen. Es ist insbesondere unser handwerklicher Sinn, der uns zu Erfolgen führen kann. Insbesondere Innovationen von neuen Gestaltungen leben von unserer Fähigkeit des praktischen Denkens. Praktische Denkleistungen sind den natürlichen Begabungen eines Menschen zuzusprechen. Es handelt sich dabei um ein Denkvermögen unserer praktischen Intelligenz. Damit öffnen sich uns Denkleistungen für praktische Aufgabenstellungen. Innovationen verwirklichen letztlich geistige und praktische Leistungen von großen und neuen Erfolgsbestrebungen.

Der Mensch erfährt in seinem Dasein und Sosein auf seine Weise eigene gegensätzliche und zuweilen revolutionierende Kräfte und Erlebnisse seines Lebens, die seine Vorstellungen und Befindlichkeit prägen. Gegebenheiten oder Veränderungen strömen auf ihn ein und berühren seine individuelle Verfassung positiv oder negativ. Als Individuen sind wir in die Welt hineingestellt und wir müssen uns gegenüber den Unbilden von Bedrohungen und Zumutungen behaupten. Andererseits sind wir nicht allein auf der Welt. Wir leben zusammen in einer Gemeinschaft und Gesellschaft mit unserer Familie, Verwandten und Freunden, aber auch mit Fremden und Feinden.

In uns steckt immer noch ein wölfisches Rudelverhalten, aufgrund dessen bewusste oder unbewusste Bindungskräfte gemeinschaftlicher Lebensbeziehungen in uns aufsteigen. Wir wollen einer Gemeinschaft zugehören und in Gesellschaften eingebunden sein. Ausgehend von individuellen Verhaltens- und Lebensbedingungen des Menschen versuchen wir deren Einstellungen zu Lebensbildern des Gemeinschaftslebens allgemeintypisch zu ergründen. Diese Erkundungen menschlicher Einstellungs- und Verhaltensweisen erklären wir uns mit der Suche nach Identität, im Bestreben das Gemeinsame von Menschlichkeit zu erkennen. Wir postulieren oder suchen das „Glück im Winkel", in welchem wir verstecktes Glücklich-sein, Erfolg und Zufriedenheit erhoffen und dadurch einen ersehnten Rückzugsraum unseres Lebensgefühls und Lebensumstände finden.

Anders als die Eremiten ziehen wir es vor und sind zuweilen gezwungen, uns in gesellschaftlichen und sozialen Bindungen einer Gemeinschaft zusammenzufinden und zu vereinen. In uns – als Individuum – lebt die Sehnsucht nach Freiheit und dem Gemeinsamen, worin wir unsere Identität und sozialen Bindungen erleben. Wir streben nach Solidarität und sozialer Verbundenheit im Miteinander. Wir binden und verbinden uns in vielfältiger Weise: als Paar, durch die Abstammung, in der Familie, mit unseren Verwandten, mit der Nachbarschaft, in der Gesellschaft, in geselligen Gemeinschaften von Freunden und Vereinen, in Glaubensgemeinschaften und in unseren politischen Ansichten und unserer Gesinnung. Das Gemeinsame lässt uns unsere Einsamkeit und Ängste leichter ertragen und stärkt andererseits unser Selbstbewusstsein, unsere Selbstdarstellungen, unsere Geltung und unsere Erfolgsbestrebungen.

Aus den gesellschaftlichen Formen des Miteinanders und der Bindungen erwächst dem Menschen eine gemeinsame Kultur und Geschichte sowie ein gemeinsames, humanitäres und zivilisiertes Gemeinwesen. Obwohl alle menschliche Verbundenheit mit jeweiligen individuellen Sichtweisen und Interessen verwoben ist, bindet und stärkt uns das Gemeinsame zu einer Einordnung in unsere Gesellschaft und Gemeinschaft. In uns wohnt eine doppelte Kultur: die der Individualität und die der Gemeinsamkeiten. In Folge dieser Selbstentfaltung verschreiben wir uns den Imperativen von politischen und gesellschaftlichen Gestaltungen. Es liegt in unserer menschlichen Natur, sich selbst als das Wichtigste und Bedeutendste zu sehen. Als Egoist, Egomane oder Diktator kann der Mensch bestrebt sein, die Lebenswelt nicht für die Gemeinschaft und das Miteinander zu gestalten, sondern nur für sich selbst und um seinen Vorteil durchzusetzen. Der Mensch gibt durch dieses Verhalten die Errungenschaften einer humanistischen Kultur des Miteinander und Füreinander auf.

6 Erfolg als Anerkennung menschlicher Größe

Was ist die Größe eines Menschen? Unter der Größe eines Menschen verstehen wir seine Erscheinung, die wir als Bild, Mythos und Gefolgschaft wahrnehmen. Die Größe und Bedeutung eines Menschen, zeigt sich beispielweise im Heroismus oder Erfolg eines Kriegers oder Managers, in der ordnenden Gründungskraft des von Neuem, in der Wirksamkeit von Planungen oder Erfindungen, in der Tiefe der sittlichen Entschiedenheit und der Klarheit des Wissens und Weitblickes.

Der Mensch besitzt Größe, wenn er durch sein Dasein und seine Erscheinung sein Leben transzendiert. Das bedeutet die Art und Weise des Soseins, namentlich des Guten, Wahren und das Gegebenen, zu transzendieren. Transzendenz ist ein Überschreiten des diesseitigen Erkennens in das jenseitige Denken zur Erkenntnis. Das subjektive Bewusste transzendiert zu außerbewussten Objekten, wenn man über das unmittelbar gegebene Gegenständliche hinauszugehen vermag. IMMANUEL KANT nannte diese grenzüberfliegende Fähigkeit des Menschen transzendente Grundsätze und Urteilskraft. Im Erkennen stehen Erkennendes und Erkanntes einander gegenüber.

Die Größe eines Menschen zeigt sich in seiner Persönlichkeit. Die Person gelangt zu einer Geltung, indem sie Sachverhalte bedenkt und dadurch seiner Person zum Erfolg verhilft. Die Größe eines Menschen hängt damit nicht nur von seinen Leistungen und seiner Nützlichkeit einer Erfolgsverwirklichung ab, sondern sie zeigt sich insbesondere im Ausdruck einer verwirklichten Transzendenz. Nützlichkeit und Leistungen gewinnen dann an Größe, wenn sie einen Sinn des Erfolges erhellen und bewirken. Größe ist in diesem Sinne ein Symbol der Kraft der Erfolge des Vollbrachten und des Ganzen.

Wir sehen menschliche Größe nicht allein in den quantitativen Leistungen von Erfolgen eines Menschen, die wir wahrnehmen und bestaunen. Vielmehr beherrscht oder unterwirft uns die Wirkung menschlicher Größe, aufgrund deren Erscheinung als Dasein des Großen und als Garantie gegen das Nichts.

Eine Persönlichkeit besitzt ihren Erfolg nicht aufgrund einer Ehrfurcht und Vergötterung durch andere, sondern aufgrund der Wertschätzung seiner Gesinnung und vollbrachten Taten.

Welche Erfolgsbestrebungen führen zum Erkennen und dem Anerkennen der Größe eines Menschen? Der Maßstab von Größe liegt in der Verwirklichung und Wahrheit der Erfolgsstrebenden selbst, die sich in ihren Taten und Leistungen widerspiegeln. Erfolgsleistungen sind zumeist weniger das Ergebnis der Massenmehrheit oder der Zustände der Gesellschaft, sondern sie haben ihren Ursprung in den einzelnen Individuen, zum Beispiel der Philosophen, Künstlern, Dichtern, Literaten, Ingenieuren, Innovatoren, Meistern, u. a. Jeder Mensch kann Größe erreichen, wenn er als Denker ehrlich und erfolgreich Werke vollbringt. In dem der Mensch eine schöpferische oder originäre Leistung verwirklicht, erreicht er eine Größe des Erfolges.

Die menschlichen Größen können anhand ihrer Denk- oder Werkleistungen in Kategorien eingeordnet und gegliedert werden. Nachstehend sind Beispiele der Einordnung von großen Denkern und Philosophen aufgezeigt:

- Spirituelle oder religiöse Welterklärer, z. B.: Buddha, Konfuzius, Jesus, Mohammed, u. a.
- Die großen Denker, die mit ihrer Kraft der geschaffenen Werke das Dasein und Wesen des Menschen geschichtlich geprägt haben, z. B.: Plato, Augustus, Kant, u. a.
- Visionäre und Metaphysiker, wie z. B.: Parmenides, Heraklit, Spinoza, Laotse
- Weltfromme Gnostiker, wie z. B.: Xenophanes, Anaxagoras, Poseidonios, u. a.
- Gnostiker mit ihrer Kraft der Symbole und Spiritualität, z. B.: Böhme, Schelling, u. a.
- Kritische oder konstruktive Erklärer von Weltsichten, z. B.: Hobbes, Leibniz, Fichte, u. a.
- Philosophen der kritischen Aufklärung, z. B.: Abälard, Descartes, Hume,
- Philosophen der radikalen Erweckung, z. B.: Lessing, Kierkegaard, Nietzsche, u. a.

- Philosophen des schöpferischen Ordnens, z. B.: ARISTOTELES, THOMAS, HEGEL, u. a.
- Größen der Denkräume des Humanismus, des Schrifttums, der Forschung und der Wissenschaft und Lebenspraxis, z. B.: HILDEGARD VON BINGEN, GALILEO GALILEI, CARL FRIEDRICH GAUSS, ISAAK NEWTON, KOPERNIKUS, CHARLES DARWIN, ALEXANDER VON HUMBOLDT, CARL VON LINNÉ, HERMANN VON HELMHOLTZ, THOMAS ALVA EDISON, MAX PLANK, WERNER HEISENBERG, NIKOLA TESLA, SIGMUND FREUD, JULIEN HUXLEY, u. a.

Abgesehen von der Klassifikation der Größe bekannter und verehrter Philosophen und Denker interessiert sich jeder denkende Mensch für seine eigene Denk- und Leistungsgröße in Bezug zu seinen Erfolgsbestrebungen. Betrachten wir im Folgenden die Erreichung oder Verwirklichung von Erfolgen unter dem Gesichtspunkt persönlicher und individueller Erfahrungen:

- Eigene Größe folgt dem eigenen Zielstreben und präferiert wird die Verwirklichung eigener großer Leistung und deren Erfolg.
- Erfolgsleistungen eines Menschen sind zumeist losgelöst von objektiven oder allgemeingültigen Aussagen. Erfolgsbestrebungen des Individuums folgen eigenen Antrieben.
- Es gibt eine Vielfalt von erstrebenswerten Erfolgszielen. Der individuelle Mensch misst seinem bestimmten Erfolgsziel die gewichtigste Bedeutung zu.
- Gegenüber den Mitmenschen oder der Gemeinschaft sieht sich der Erfolgsstrebende in Konkurrenz und aus dieser Einstellung heraus befördert er sein Bestreben nach Erfolgsverwirklichung.
- Wir leben in einem Zeitgeist, in dem das einzelne Individuum hineinwächst und vereinnahmt wird. Man kann sich aus der Vermassung herausheben, indem er sich eigene oder besondere Erfolgsziele setzt und diese zu verwirklichen anstrebt.
- Die Gesellschaft oder der Lebenskreis eines Erfolgsstrebenden kann die Verwirklichung von Erfolgsaussichten unterstützen und begünstigen oder aber behindern und verhindern aufgrund von Restriktio-

nen und Möglichkeiten. Zum Beispiel können finanzielle Leistungen Erfolgsbestrebung begünstigen oder behindern.

- Die Kultur und die Zustände der Gesellschaft haben Einfluss oder dominieren die Erfolgsgegebenheiten des Individuums. Der Einzelne muss sich den externen Einflussnahmen gegenüber einrichten oder anpassen.
- Der Erfolgsstrebende sollte sich – oder muss sich – den Bedingungen der gegebenen Erfolgschancen oder Erfolgsmöglichkeiten anpassen oder zumindest diese in Betracht ziehen.
- Erfolgreiche heben sich durch ihr Erfolgsstreben aus der Masse heraus und können aufgrund dessen auf Widerstände und Abneigung von Nichterfolgreichen stoßen. Neid und Missgunst trifft den Erfolgreichen.
- Die Größe von Erfolgsleistungen besteht nicht in der Gleichheit. Der Erfolgreiche zeichnet sich aus durch die Verschiedenheit seiner Leistung, die ihm Anerkennung, Bewunderung und/oder Berühmtheit verschafft.
- Einheit von Person und Werk eines Erfolges verbindet die Leistung des Erfolgsstrebenden mit dem Bedarf an Neuem und den Verbesserungen von Gegebenem und Bekannten.
- Die Persönlichkeit eines Erfolgsschaffenden und Erfolgreichen zeigt sich in seinem vollbrachten Werk. Beide – die Person und das Werk – verbindet ein Erfolg des Wahren oder des Schönen.
- In gewisser Weise rechtfertigten Erfolge den Menschen. Ein Erfolg wird als Positivum, Schönheit, Wahrheit oder Gutes unkritisch dem Erfolgreichen gutgeschrieben.
- Psychologisch wandelt sich das Verstehen eines Erfolges zur Deutung der bewussten oder unbewussten Motivation. Das kritische Verstehen oder das ablehnende Wahrnehmen eines Erfolges kann als Waffe oder Bosheit gedeutet oder missbraucht werden.
- Mit erreichtem Erfolg kann Euphorie und Glückseligkeit ausbrechen. Diese vermag den Erfolgreichen zu Leichtsinn, Überheblichkeit oder zur Hybris verführen, denen eine Ernüchterung oder Enttäuschung folgt.

- Die Verwirklichung von Erfolgsbestrebungen sollte nicht mit Selbstverständlichkeit oder Arroganz aufgenommen werden, sondern mit Dankbarkeit, Bescheidenheit und Anerkennung für die Kunden, Mithelfer und Nutznießer.

7 Von der Idee zur geplanten Veränderung und Neuerung

Die Wissbegier und die Neugier lassen den Menschen über das Denken selbst nachdenken und dadurch gewinnt er seine Vorstellungen über eine Erfolgsbestrebung. Eine gesicherte Erkenntnis ist durch Nachdenken zu erlangen. Die sinnliche Wahrnehmung hingegen ist unbeständig und kann trügerisch sein. Wahrnehmungen des Menschen sind lediglich Abbilder von etwas Wahrem, die PLATON „Ideen" nannte. Ideen produziert der Mensch kraft seines Verstandes und diese leiten ihn von den sinnlichen Wahrnehmungen zum Geistigen. Aber das bloße Vertrauen in einen Erfolg kommt einer Spekulation gleich und die Wirklichkeit kann trügen. Um Ideen zu erfolgreichen Innovationen zu führen, bedarf es einer stringenten Vorgehensweise, die schematisch nach folgenden Denkkategorien vollzogen werden sollte:

	Axiome	**Postulate**	**Analogien**	**Antizipationen**
Definition von Denkkategorien	Axiome sind Grundsätze oder Regeln, welche unmittelbar als richtig gelten und die deduktiv und kausallogisch herzuleiten sind.	Postulate sind durch das Denken vorgegebene, notwendige Annahmen oder Forderungen aufgrund glaubhafter Annahmen.	Analogien ermöglichen Erfahrung aufgrund des Inbeziehungsetzens von Vorstellung und der Verknüpfung von Wahrnehmungen	Antizipation bezeichnet die geistige Vorwegnahme des Zukünftigen oder die für wahr angenommene Erkenntnis oder Annahme
Frage nach dem Neuen	Warum ist es so?	Was soll sein?	Wie ist das?	Was wird sein?
Erkenntnisprinzip	Objektivierung	Grundsätzlich	Assoziationen	Intuitionen

	Axiome	Postulate	Analogien	Antizipationen
Logik, Kausalität	Verstandes-urteile, Gründe des Seins	Vernunftur-teile, Gründe der Motivation	Urteile aufgrund Wahrneh-mungen, Erkenntnis-gründe	Urteile auf-grund Vorstel-lungen oder des Werdens
Heuristik	Rationale und modale Denk-kategorien	Hermeneutik und Verständ-nis	Synektik, Morphologie, Kreativität	Projektion, Zukunfts-forschung, Trends
Innovations-werkzeuge	Experiment, Wahrschein-lichkeits-theorien	Propriorezep-tive Wahrneh-mung, Dialektik	Brainwriting, Morpholo-gischer Kasten, u. a.	Szenariotechnik Delphi-Methode, Alpha-Konzept
Ergebnisse	Innovationen aufgrund von Anwendun-gen	Innovationen aufgrund neuer An-schauungen und Überzeu-gungen	Innovationen aufgrund des Verbindens von Un-bekanntem und Neuem	Innovationen aufgrund des Voraussehens

Nach Immanuel Kant erhellen sich uns Sinn und Erfolg von Ideen durch ihre methodische Fassbarkeit, Eindeutigkeit und Angemessenheit. Ideen gewinnen ihre Bedeutung für uns aufgrund ihrer Fragestellung, die uns zum Fortschreiten des Begreifens und Verstehens führen. Zum Beispiel kann eine Idee uns Gesichtspunkte aufzeigen, die unsere Erfahrungen bestätigen. Damit können aus Ideen strukturelle Kräfte erwachsen, die uns hinführen zu Erfolgen. Ideen verhelfen uns – aufgrund von methodologischem Nachdenken und Nachweisen – unsere Erfolgsbestrebungen als sinnvoll und richtig zu beurteilen. Damit vermögen wir uns objektiven Fragestellungen zu öffnen und unsere Ideen können uns dadurch zu einer wissenschaftlich-technischen Bedeutung oder zu völlig neuen Betrachtungen führen.

Eine Idee entspringt zumeist einem oder mehreren Gedanken, Gründen und/oder Begründungen, die wir als vernünftige Erfolgsbestrebungen werten. Im Laufe der seins-genetischen Entwicklung des Individuums treten komplexe

Erinnerungsbilder in unser Bewusstsein, welche unsere Außenwelt und das „Ich" zu einer Einheit umfassen. Die psychologische Bedeutung unserer Erfolgsbestrebungen grenzen unsere Vorstellungen über die uns umgebende Umwelt ab. Das „Ich" unserer Triebkräfte und Vorstellungen formt sich in unserer subjektiven Welt nach einer einflussreichen und bestimmenden Außenwelt. Die momentane psychologische Grundlage in unserem Nervensystem formt unser Erfolgsbestreben in inniger Verbindung zu einer Einheit. Erfolgsideen vermögen unsere innere Verfassung zu sprengen.

Ideen grenzen sich von den Vorstellungen der gegebenen Erfahrungswelt ab und in das Bewusstsein treten neue Anschauungen über mögliche Erfolgsmöglichkeiten und Erfolgsverwirklichungen. Mit den fortschreitenden Erfahrungserkenntnissen verbinden sich uns a priori Ideen zu einer Systematik und Vereinheitlichung. Zufällig in das Bewusstsein aufsteigende Ideen werden zu objektiven Absichten und Zweckvorstellungen. KANT deutete diese Ideen als reflektierende Urteilskraft.

Die objektive Bedeutung von Ideen kann nicht immer auf einen ihnen korrespondierenden Gegenstand bezogen werden, aber die ideenhaften Vorstellungen führen uns in der fortschreitenden Erfahrung hin auf eine systematische Einheit. Ideen zu folgen, erweitert unsere Erfahrungen und unsere Erkenntnisse. Man sollte Ideen unter den Bedeutungen als psychologische, methodologische und objektive Merkmale eines Erfolges verstehen.

Ideen bilden den Treibstoff von Neuem. Indem wir neue Ideen in die Welt setzen, beabsichtigen wir gedanklich neue Gegebenheiten oder Wirklichkeiten zu schaffen. Der Mensch bedarf Visionen, um sich aus dem Gegebenen, Einschränkenden und Begrenzenden zu befreien und seine neue und bessere Lebenswelt anzustreben.

Aus einer subjektiv neuen Idee kann eine Innovation als Objekt entstehen, zum Beispiel in der Form einer Verfahrensweise oder in der Form eines neuen Produktes. Das „neue Objekt" bildet den Gegenstand einer Innovation ab. Innovationen können auch als ein Prozess verstanden werden. Prozessinnovationen können aus einer Exploration oder der Analyse eines Problems entspringen. Eine Ideensuche und die Ideenbewertung eröffnen eine Erforschung, Entwicklung oder Konstruktion, aus denen Innovationen hervorgebracht werden. Innovative Ideen können Produktions- und Absatzvorbereitung bis zur Markteinführung anstoßen.

Innovation – etwas Neues zu erschaffen – gelingt aus einer Verwirklichung von Ideen zu Erfolgen. Initiiert wird ein Innovationserfolg durch Stufen eines Prozesses des Versuchs und Irrtums. In nachstehender Abbildung sind die Stufen eines Innovationserfolges dargestellt:

Der Erfolg von Produktinnovationsprozessen des Marketings verläuft wie folgt:

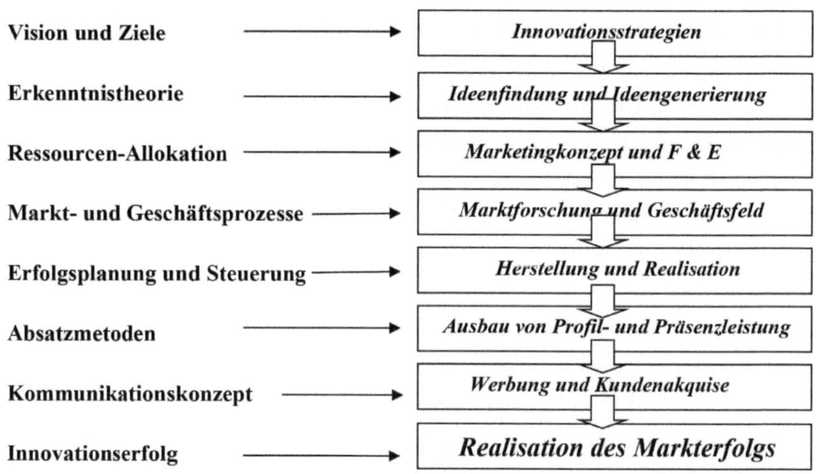

Beispiele der Verwirklichung von Innovationserfolgen, die aus den bedeutendsten Ideen-Revolutionen entstanden und zu nachhaltigen Innovationen unseres Zeitalters führten, sind:

- **Elektrische Energie** und **elektrischer Strom,** welche mechanische Arbeit unterstützt, Wärme produziert, Licht aussendet und in Formen mechanischer, chemischer, thermischer, magnetischer oder atomarer Energie eingesetzt werden kann.
- Die Erfindung des **mechanischen Webstuhls** revolutionierte die Textilproduktion zur Massenfertigung und löste damit den Beginn der Industrialisierung aus
- **Buchdruck** initiierte die Verbreitung der Schriftsprache, der Information und der Bildung
- **Stahlproduktion** und **Metallurgie** mittels der Kohle-Energie und neuer synthetischer Fertigungsverfahren schufen die Neuzeit des Industriezeitalters
- Neue **chemische Verbindungen** ermöglichten die Herstellung von Wirkstoffen in der *Medizin*, der industriellen **Agrar-Düngemittel** und **chemischen Produkte**
- **Fernmeldewesen** mittels **Telefon, Transatlantik-Kabel, Telefax, Datenbanken** ermöglichten den weltweiten Austausch von Information und Kommunikation
- **Digitalisierung** und **Computer** vereinfachten und beschleunigten Datenübertragung, Rechnerleistungen und Informations- und Kommunikationsanwendungen
- **KI Algorithmen** ermöglichen Verarbeitung von digitalen Daten und Rechenleistungen nahezu in Echtzeit, in unbegrenztem Umfang und Fehlerfreiheit
- **Social Media** und **digitale Erlebniswelten** öffnen neue und unmittelbare Kommunikations-, Unterhaltungs- und Informationsweisen mittels Computer oder Handy
- Weltweiter **Online-Handel** von Dienstleistungen und Waren vernetzen unsere Bedürfisse, Lebensstrukturen und Lebenskultur zur homogenen und entmündigten Abhängigkeit

- **Blockchain-Technologie** (ein digitales Kassenbuch) ermöglicht die Rückverfolgung, Transparenz und Analyse von weltweiten Handelslieferketten und Datenverbindungen
- **Freie Marktwirtschaft** öffnet gesellschafts- und wirtschaftspolitischen Wettbewerb und Initiativen für wirtschaftliche Leistungen und sozialen Fortschritt
- **Werbung und Marketing** promoten **Convenience**- und **Konsumprodukte,** die unsere Gesundheit und Lebenswelt dominieren aber auch negativ beeinflussen können
- **Bargeldloser, digitaler Zahlungsverkehr** verändert die **Finanzwelt** und befördert den **Kapitalismus**
- **Nano-Biohybrid-Roboter** ermöglichen **intelligente Implantate** und lichtgesteuerte, **weiche Roboter** sowie Proteinwerkstätten der Zelle mittels **Kro-Elektromikroskopie**
- **Informationstechnologien** können als Waffe eingesetzt werden, zum Beispiel als **Cyberangriffe** und Social Media können **Fake-News** befördern
- Neue evolutionäre **wissenschaftliche Entdeckungen** formen unsere Zukunft, z. B.: u. a. **Relativitätstheorie, Weltraumtechniken, Alpha-Teilchen, Kernfusion, Quantentheorie**

Es stellt sich uns die Frage, wohin schreitet unsere Lebenswelt mit weiterer Innovation?

Welcher Fortschritt ist für Ihren Erfolg lebenswert und wünschenswert?

8 Innovationen als Erfolgsleistung von Neuem

Wenn man einen Erfolg erstrebt, bedarf es einer Einstellung zu ihrer Erfolgsverwirklichung. Kreativität entspringt unserer Schaffenskraft. Ein erstrebter Erfolg kann einem zufliegen, ohne dass es einer eigenen Anstrengung bedarf. Man kann von Glück sprechen, wenn einem das Leben von den Umständen, von fürsorglichen Eltern beschützt oder von wahren Freunden unterstützt wird. Oder der Zufall lässt uns einen Erfolg zufliegen. Eine Erfolgsleistung des Neuen ist zumeist eingebunden in einem System. Jede Ursache hat ihre Wirkung, alles geschieht gesetzmäßig. Es gibt viele Ebenen der Ursächlichkeit. Ein Erfolgssystem besteht aus einem Zusammenhang und der Erkenntnis von Ursachen und Wirkungen.

Kreativität bedeutet, Gewohntes und Gegebenes zu verlassen, um Neues zu wagen und einen Erfolg zu verwirklichen. Walter Russel[1] schlussfolgerte: Wir haben das *Wie* gelernt, aber nie das *Warum* oder das *Was*. Die Kreativität – als eine unserer menschlichen Eigenschaften – vermag uns dazu leiten, einen neuen Erfolgsweg zu verwirklichen. Wir fragen uns: Was können wir tun und wie können wir Ideen für unsere Erfolgsverwirklichung finden und gestalten?

Um unsere Kreativität zu finden und verwirklichen, bieten sich vier Vorgehensweisen an: unsere Sensomotorik, Analyse, Intuition und Lebensaktivität. Wir habe Zugriff auf diese Felder unserer Kreativität aufgrund unserer Wahrnehmung, Rationalität, Beurteilung und Emotionalität, wie die nachstehende Abbildung darstellt.[2]

---

1 Walter Russel: Genius Inherent in Everyone 1946, (Genie steckt in Jedem) ISBN 978-3-9806106-0-5, S. 21 .

2 Jochen Müller / Jürgen Rippel: CREA LEADERSHIP, Der Weg zur Innovation, ISBN 978-3-98-1461800, Marketing Publishing, Ansbach Aufl. 2011.

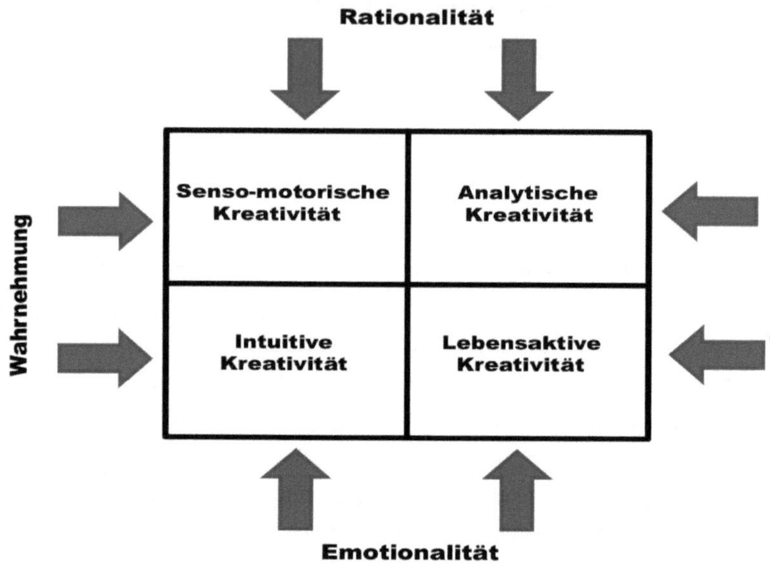

Ein Erfolgsweg zur Kreativität mag gelingen, wenn man seine eigene Kreativität mit seiner Führerschaft verbindet. Man sollte bewusst und wissentlich sein Erfolgsziel kennen und erstreben. Welches Ziel und welche rationalen und intuitiven Fähigkeiten und Grenzen hat man oder benötigt man, um seiner Erfolgsverwirklichung zu erreichen?

Visionäre, systemische und nachhaltige Ausrichtung der Kreativität

Eine Erfolgsvision lebt von der Kraft der Gedanken und Inspirationen. Diese können eine erstrebte Wirklichkeit schaffen. Indem unsere Gedanken sich auf ein Ziel ausrichten, konzentrieren wir unsere Kreativität auf eine Intentionalität und ein Potential des Möglichen. Aus einer zielgerichteten Vision können Erfolge erwachsen, wenn unsere Kreativität von einer Rationalität und Emotionalität getragen wird. Wir benötigen unsere Rationalität und unsere Emotionalität als Antriebskräfte des Aktivseins, die uns direkt oder indirekt Belastungen, Zustände, Wirkungen und Reaktion erkennen und ertragen lassen.

Über die Vision eines Erfolges hinaus sollten wir erkennen, dass wir eingebunden und ein Teil sind in systemischen Zusammenhängen. Unsere Ideen und Ziele wirken in Systemen von Ursache und Wirkung. Systemisches Denken ermöglicht es unsere Kreativität und unser Denken zur Komplexität von Analysen, Bearbeitungen, Simulationen und Lösungen zu öffnen und zu lenken. Ursache und Wirkungen zeigen sich in zusammenhängenden Prozessen, die sich durch wechselseitige Rückkopplungen selbst organisieren und selbst steuern oder aber sich neue Ausrichten.

Implizite Ausrichtung der Kreativität auf thematische Probleme

Unsere Kreativität ist darauf ausgerichtet, Probleme implizit zu erkennen oder richtig zu antizipieren. Deshalb sind wir aufgefordert, eine Erfolgsverwirklichung durch Verknüpfungen von Evidenz, Vernunft und Geltung thematisch zu erfassen und dadurch eine Erfolgsverwirklichung zu erleichtern. Probleme werden mittels der Erkenntnis von Ideen und Urteilen einer Lösung zugeführt und aufgrund ihrer Evidenz, Vernunft und Geltung zu einer Erfolgsverwirklichung geleitet.

Kreativität sollte instrumental auf eine Nachhaltigkeit gerichtet sein. Nicht eine kurzfristige Trendentscheidung führt zum nachhaltigen Erfolg, sondern es bedarf im Kern eines Strebens nach Beständigkeit des Erfolges. Eine Beständigkeit kann sich auch in Zyklen von Expansionsphasen und Kontraktionsphasen zeigen und Kreativitätskräfte folgen dann einer nachhaltigen, zyklischen Ausrichtung.

Die Kreativität des erfolgsstrebenden Menschen, welche Erfolgsbestrebungen durch Intuition, kommunikative Vermittlung und die sinnliche Erfassung und Wahrnehmung auf Problemlösungen ausrichtet, verhilft zu Ansätzen von Erfolgsverwirklichungen. Thematische Probleme sind immer umgeben von vorgeprägten Ausrichtungen der Ideen und Urteile. Dies bedarf einer Führung zu Erfolgsverwirklichungen.

Verknüpfung von Evidenz, Vernunft und Geltung

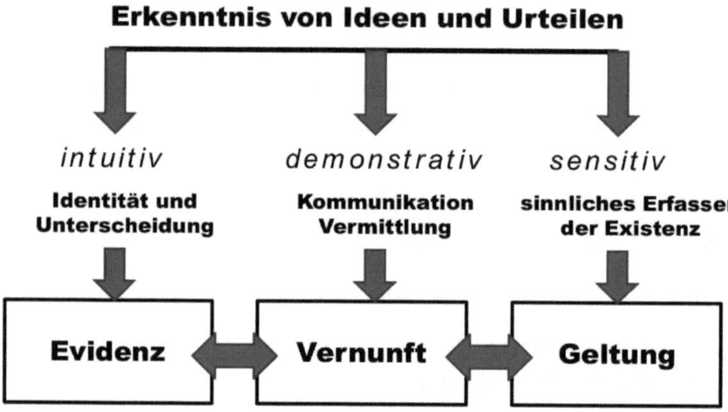

Handlungsorientierte Ausrichtung der Kreativität hin zu Wertschöpfungen

Der Mensch setzt seine Intelligenz ein, um Erfolge zu verwirklichen und er nutzt dazu seine Fähigkeit der Kreativität. Unsere kreativen Fähigkeiten dienen uns dazu, Wertschöpfungen von der Idee zur Kreation über Stufen zu einer Erfolgsverwirklichung aufsteigen zu lassen, wie dies nachstehende Abbildung darstellt:

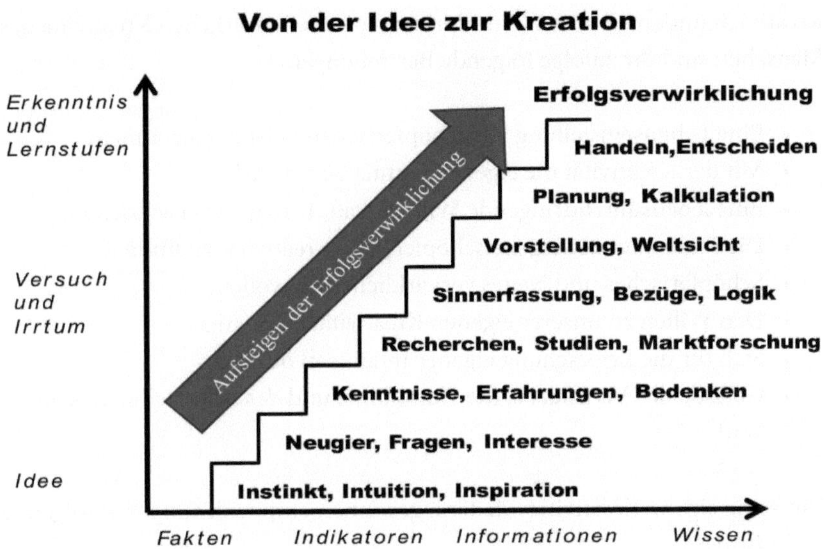

Eine Kreation kann aus einer Idee aufsteigen über Versuche und Irrtümer zu Erkenntnissen über Stufen zur Erfolgsverwirklichung, die durch folgende logische, rationale und intelligente Schritte Intelligenz umgesetzt werden:

- Wahrnehmungen interpretieren und im Bewusstsein verankern!
- Möglichkeiten und Ereignisse beurteilen und bewerten!
- Folgerungen oder logische Schlüsse aus der Bewertung ziehen!
- Erinnerungen und Erfahrungen in Beziehung setzen!
- Erkenntnisse strukturieren, klassifizieren und systematisieren!
- Schlussfolgerungen zu Absichten und Entscheidungen manifestieren!

Erarbeitung kreativer Gestaltung mittels eines Kreativitätsworkshops

Julia Camaron, erfolgreiche Autorin und Anbieterin von Kreativitäts-workshops, zeigt ihren Kursteilnehmern wie diese Zugang zu ihrer eigenen

Kreativität finden können[3]. Grundprinzipien einer natürlichen Kreativität des Menschen sind ihr zufolge folgende Bestrebungen:

- Eine Lebenseinstellung zur schöpferischen Leistung gewinnen!
- Mit der Kreativität die eigene Identität zu finden!
- Eine lebensdurchdringende Willenskraft, Erfolg zu verwirklichen!
- Die Macht, unsere eigene schöpferische Kreativität zu finden!
- Schöpferisches und Neues verwirklichen zu wollen!
- Den Willen zu unserer eigenen Kreativität stärken!
- Sich für die Erforschung eigener Interessen öffnen!
- Gefühle des Vertrauens, der Autonomie und des Selbstschutzes stärken!

Um seine eigene Kreativität wiederzugewinnen empfiehlt *Camaron* folgende Techniken:

- **Morgenseiten:** Sich selbst finden, indem man monatelang, jeden Morgen auf drei Seiten Papier aufschreibt, was einem einfällt. Das logische Gehirn, der Verstand, ist unser innerer Zensor. Die Morgenseiten sind eine Landkarte unseres Inneren.
- **Künstlertreff:** In einem wöchentlichen Zeitfenster von zwei Stunden verabreden Sie und treffen Sie sich mit ihrem eignen, inneren Künstler in sich selbst! Dies kann bedrohlich und kreativ sein. Ihr innerer Künstler ist ein Kind.
- **Kreativitätsvertrag:** Planen Sie den Zugriff auf Ihre eigenen, inneren Quellen Ihres künstlerischen Reservoirs oder Repertoires und schließen Sie mit sich selbst einen Vertrag über Ihre inneren Verpflichtungen zur Kreativität.

3 Siehe: Julia Camoron: Der Weg des Künstlers, ein spiritueller Pfad zur Aktivierung unserer Kreativität. Droemer Knaur Taschenbuch, München 2009.

9 Bestrebungen zur Erfolgsverwirklichung

Das Gefühl, Erfolg zu haben oder erfolgreich zu sein, schenkt den Menschen sein Glück und es verspricht und öffnet ihm – den Erfolgsstrebenden – eine wunderbare Welt. Es kann aber auch sein, dass Sie sich mit Ihrem Erfolgsstreben dem Unglück und Schwierigkeiten ausgesetzt sehen. Empfinden Sie Ihre Erfolgsbestrebung als ein positives Erlebnis oder eher als einen Zwang und assoziieren Sie Erfolgsbestrebungen eher mit Anstrengungen?

Erfolg bedeutet, sich zu verwirklichen und Menschen zu gewinnen oder eine Leistung zu vollbringen. Erfolgsbestrebungen zielen damit auf Wirkungen von Veränderungen ab. Misslingt uns eine Erfolgsbestrebung, dann fühlen wir uns einsam, enttäuscht oder verärgert. Gelingt uns eine Erfolgsbestrebung, dann erhebt uns diese zu einem Hochgefühl und wir freuen uns.

Abgesehen von dem Wunschdenken sollten unsere Erfolgserwartungen von einer Strategie zum Erfolg getragen werden. Um einen Erfolg wirklich und nachhaltig zu erreichen, müssen wir absehen von Zufällen und stattdessen zielstrebend eine Strategie zur Erfolgsverwirklichung entwickeln. Es stellen sich uns die Fragen: Was will und kann ich mit meinen Erfolgsbestrebungen erreichen? Wie kann ich einen Misserfolg vermeiden?

Erfolgsbestrebung durch Verständnis

Strategien zur Erfolgsverwirklichung mögen aus unseren Erfahrungen eingeübten Kommunikationen und Erwartungen oder einem Verhaltenskodex und Normen entspringen. Die Fähigkeit eine Erfolgsstrategie zu verwirklichen ist keine Strafe, keine Laune der Natur und kein Gebot einer Verhaltensstrategie. Die Grundvoraussetzung einer Erfolgsstrategie besteht darin, richtige und notwenige Verbindung herzustellen.

Eine der wichtigsten Strategien, Erfolg zu verwirklichen, besteht in der Fähigkeit zu kommunizieren. Die Absicht Erfolg zu erreichen, beginnt mit einer Verhaltensstrategie. Man sollte die richtige Verbindung herstellen zwischen dem intrinsischen Willen zum Erfolg und der extrinsischen Kommunikation des Erfolgsbestrebens. Beide entgegengesetzte Kommunikationsstrategien können eine Erfolgsverwirklichung unterstützen. Man sollte die passende und ansprechende Kommunikationsstrategie sich aneignen, um damit eine erfolgsrelevante Verbindung des Vertrauens zum Umfeld aufzubauen.

Zum einen kann der Mensch aufgrund seiner Disposition oder seinen Erfahrungen eine Verhaltensstrategie der offenen, zugewandten und gewinnenden Kommunikation über seine Erfolgsbestrebung ausüben. Er kann andere für seine Erfolgsidee gewinnen oder begeistern und es fällt ihm leicht auf andere Menschen zuzugehen. Andererseits kann ein Erfolgsstrebender, aufgrund seiner Disposition oder Erfahrungen nicht gut, nicht offen und nicht frei über seine Erfolgsbestrebung mit anderen Personen sprechen. Aus seiner Erfahrung oder aufgrund seiner Disposition neigt der Erfolgsstrebende eher zum Misstrauen gegenüber Fremden, dem Neuen und dem Unbekannten oder er hat bestimmte Gründe und persönliche Aversionen oder Einschränkungen mit dem Anderen und dem ihm Fremden offen zu kommunizieren.

Der Erfolgsstrebende kann sich in seinem Streben nach Erfolgsverwirklichung Barrieren oder Unverständnissen gegenübersehen, aufgrund derer er nicht verstanden oder nicht gehört wird. Man muss die richtige Verbindung herstellen zum Anderen oder Fremden, um nicht Misstrauen und Abwehr zu vermitteln. Menschen akzeptieren, dass richtige und gutgemeinte Kommunikationen eine Erfolgsnähe erzeugen und unsichere, unklare, falsche oder ungenügende Informationen eine erfolgreiche Kommunikation be- oder verhindern. Wenn in einer Kommunikation Un- oder Halbwahrheiten oder Misstrauen kommuniziert werden, dann erschwert dies jegliche Erfolgsbestrebung. Kommunikationen in Bezug auf Erfolgsbestrebungen geraten in Gefahr, wenn Fehler, Störungen oder Unverständnis, trotz aller investierten Kommunikationsanstrengungen, ihre Erfolgsidee die Anderen oder den Interessenten nicht erreichen.

Erfolgsbestrebung durch Überzeugung

Um seinem Erfolgsziel nahe zu kommen, bedarf der Erfolgsstrebende einer Strategie der Gewinnung von potentiellen Kunden oder Anhängern. Es genügt nicht eine innovative oder vorteilhafte Idee oder einen Nutzenvorteil für den potentiellen Kunden oder Anhänger anzubieten, sondern es müssen deren Erfolgsvorteile überzeugend und begehrend im Markt oder an die Interessen vermittelt werden. Es bedarf einer Strategie der Überzeugung, um Andere für die eigene Erfolgsbestrebung zu gewinnen.

Eine Erfolgsstrategie muss auf die Interessenslage der zu Überzeugenden fußen. Das bedeutet, es geht nicht allein um seine eigene Überzeugungskraft, sondern man muss die stille Mehrheit der Zweifler und Unentschlossenen überzeugen und gewinnen. Dies kann nur gelingen, wenn man im Stande und fähig ist, die Entscheidungsschwäche der Anderen, der Desinteressierten oder potentiell Unwissenden zu überwinden. Man muss die Interessenlage der potentiellen Kunden, Trittbrettfahrer oder Anhänger kennen oder einschätzen, um dadurch diese für sein Anliegen der Erfolgsverwirklichung zu interessieren. Überzeugende Erfolge erzielt man, wenn es gelingt, andere für seine Idee zu gewinnen.

Erfolgsbestrebung mittels Gewinnerchancen

Um erfolgreich zu sein sollte man Menschen für sich und für seine Erfolgsidee mit folgenden Verhaltensweisen und Gewinnerstrategien erreichen:

- Ihre Idee muss Ihnen und/oder andere Menschen begeistern!
- Sie müssen bereitsein, sich für Ihr Glück einer Erfolgschance zu engagieren!
- Befruchten Sie Ihre Vision einer Erfolgsidee für sich und für Andere!
- Seien sich offen und öffnen Sie sich für das Neue und Veränderungen!
- Treten Sie aus dem Gewöhnlichen heraus und wagen Sie das Schöne und Gute!

- Begeistern und Bestätigen Sie sich ständig und hartnäckig für Ihren Erfolg!
- Manifestieren Sie Ihren Optimismus für eine bessere Zukunft!
- Seien Sie offen und kritisch – aber ehrlich – für das Neue und Unbekannte!
- Wer nichts versucht, kann nichts gewinnen!
- Entdecken Sie Chancen und identifizieren Sie sich mit dem Neuen und Besseren!
- Halten Sie Ihre Zukunftsvision aufrecht, soweit diese sicher und sinnvoll ist!

Erfolgsbestrebung der Motivation

Verstand und Gefühl setzen den Bezugsrahmen für eine Erfolgswillensbildung. Aber kein Motiv, kein Wert und kein Wort setzt so viel Energie frei wie ein Begehren. Entscheidungsprozesse zum Erfolg werden aus den gegensätzlichen Quellen des Verstandes und des Gefühls gespeist. Besteht eine Erfolgsidee aus einer dramatischen Ungleichheit von Verstand und Gefühl, dann entscheidet und leitet dies unsere Motivation. Die Motivation zum Erfolg definierten die großen Denker und Philosophen wie folgt:

> *„In dir muss brennen, was du in anderen anzünden willst!“* (Augustinus von Hippo)

> *„Mut steht am Anfang des Handelns, Glück am Ende!“* (Demokrit)

> *„Wer den Hafen nicht kennt, für den ist kein Wind ein günstiger!“* (Lucius Seneca)

> *„Ich kann, weil ich will, was ich muss!“* (Immanuel Kant)

> *„Wer kämpft kann verlieren, wer nicht kämpft, hat schon verloren!“* (Bertold Brecht)

„Erfolg tritt dann ein, wenn man das tut, was man liebt!" (ALBERT EINSTEIN)

Erfolgsbestrebungen erwachsen uns aus unterschiedlichsten Motiven. Zum Beispiel strebt der Mensch nach Erfüllung oder Erreichung von Geltung, Anerkennung, Gemeinsamkeit, Sicherheit, Gesundheit und Besitz. Eine besondere Motivation erfasst die Sehnsucht nach Liebe. Man sehnt sich nach Liebe und dem Geliebt-werden, sowie der Nähe von Glück, nach Gemeinsamkeit, dem Miteinander und dem Neuen. Motivationen sind Bestrebungen des Verlangens nach der Erfüllung eines Lebens von Wohlbefinden und Erfolgen.

Andererseits werden wir demotiviert aufgrund unserer Ängste. Wir sind gefangen in unserer Angst zu verhungern oder zu verdursten, in der Angst, unsere Lebensenergie zu verlieren und in der Angst, vor Obdachlosigkeit oder dem Klima ungeschützt ausgeliefert zu sein. Diese Urängste bestimmen und fesseln – meist unbewusst – unser motiviertes Verhalten. Motivationen nehmen uns gefangen in unseren Lebensgefühlen, der Erwartungen und Vorlieben. Zumeist erliegen wir den Urkräften unserer unbewussten Ängste. Wir wollen uns von unseren Ängsten befreien und streben danach, mittels unserer zukunftsgerichteten positiven Motivation uns zu befreien. Und zu oft sagt unser Verlangen „Ja" und unser Verstand sagt „Nein!". Aber ohne Motivation keine Erfolgsbestrebung.

Erfolgsbestrebung der Geltung und Sicherheit

Unsere Lebenseinstellung unterscheidet das Haben von dem Sein. Wir konsumieren, um Lebenswichtiges oder Unentbehrliches zu haben oder zu besitzen. Anderseits streben wir danach, glücklich und zufrieden zu sein. Die Wörter *„hab*en" und *„sein*" geben Grundtatbestände unserer Lebensbezüge wieder. Man hat etwas und ist etwas: „Ich habe ein Problem oder Glück" und „Ich bin enttäuscht oder zufrieden". Unsere Befindlichkeit bezieht sich nicht nur auf Dinge, die wir besitzen, sondern auch auf unser subjektives Wohlsein. Besitz-Erfahrungen und die Seins-Erfahrungen des Menschen formen die Bezüge zu den Gegebenheiten und Möglichkeiten seiner Lebenswelt. Betrachten wir diese anhand einiger Beispiele des Konsumierens, welche die existentielle Bedeutung unseres Lebenserhalts, unsere Lebensfreude und unseres Genusses belegen. Menschen, die ein ausgeprägtes Geltungsbedürfnis zeigen, haben zumeist eher ein geringes Sicherheitsbedürfnis und Menschen mit starkem Sicherheitsbedürfnis haben eher ein gering ausgebildetes Geltungsbedürfnis. Geltung und Sicherheit schließen sich gleichzeitig aus. Unsre Fähigkeit der Menschenkenntnis äußert sich in der Empathie, ein wesentlicher Grundstein unserer emotionalen Intelligenz. Gelingen uns die Beweggründe der Geltung oder der Sicherheit, können wir uns als erfolgreich fühlen.

Aufgrund und über diese existenziellen Beweggründe hinaus streben wir danach, unsere Lebensgestaltung zum Erfolg zu führen. In uns steigen Ängste auf, die uns zu Reaktionen veranlassen, unsere Lebensenergie nicht zu verlieren. Mit dem Verlust oder dem Mangel an Geltung und Sicherheit, verlieren wir unsere Lebensenergiekräfte, wie zum Beispiel:

- Hunger nach Nahrung, ohne die wir unsere Lebensgrundlage verlieren!
- Durst nach Flüssigkeit, die unseren Lebenserhalt bedingt und auch Genuss bereitet!
- Schutz vor dem Ausgeliefertsein der Unbilden der Natur, die unser Leben bedrohen!
- Der Wille und die Kraft, um Bestrebungen zum Erfolg zu führen!
- Verstand und Gefühl, um Erfolge zu erreichen, die wir erstreben!
- Zielsetzungen, um die erstrebten Erfolge planmäßig zu verwirklichen!
- Gestaltungen des Vollbringens und der Verwirklichung von Erfolgen!
- Einsichten, um Erfolgschancen und Erfolgsfaktoren zu erkennen!
- Lenkung und Dispositionen zum Erfolg hin und gegen den Misserfolg!
- Streben nach mehr und/oder höherem Nutzen der Erfolge!

10 Erfolgswege der Kommunikation und des Verstehens

Handlungsweisen und Systematisierung von wirkungsvollen Erfolgskommunikationen, welche Erfolgsverwirklichungen sowohl in Bereichen des Marketings, der Werbung sowie im Verkauf führen, wurden bereits 1898 beschrieben vom Amerikaner E. St. Elmo Lewis. Die griffige Formel zur Systematisierung von Kommunikationen zur Erfolgsverwirklichung lautet AIDA:

> *Attention (Aufmerksamkeit), Interest (Wunsch), Desire (Drang zum Besitz), Action (Handlungsaktion).*

Die AIDA-Formel der Kommunikation lässt sich erweitern und präzisieren durch die Einordnung weiterer Kommunikationsmerkmale. Die wesentlichen Begriffe, nach denen sich Erfolg oder Misserfolg beschreiben lassen, sind: *Absicht, Bedürfnis, Kooperation, Dringlichkeit, Einfühlung, Führung, Gestaltung, Haltung, Information.* Wir können diese Begriffe einordnen mittels der Anfangsbuchstaben des deutschen Alphabets: ABCDEFGHI.

Die Fähigkeit, Erfolge zu verwirklichen und Misserfolge zu vermeiden, ist keineswegs als eine schicksalhafte Disposition von Umständen, als eine wundersame Fügung oder als magischer Zufall zu verstehen. Vielmehr ist die Fähigkeit einer Erfolgsverwirklichung allein der Beherrschung und des Einsatzes von planvollen Entscheidungen und Strategien der Kommunikation und des Verstehens zuzuschreiben. Die Bedeutung von Sprache und deren Verständnis lebt von Worten, Begriffen und Vorstellungen, die wir bildhaft „greifen", nämlich von ihnen Besitz ergreifen zwecks Erfolgsverwirklichung.

Wenn man nicht verstanden wird, überzeugt man nicht und niemand wird einem folgen, wenn man nicht verstanden wird mit dem „was" Sie wollen und „wie" Sie es sagen. Die Perspektive des „Ich-Sprechers" und die Sprache oder Botschaft der „Ich-Bezogenheit" ist nicht eine erfolgsgewinnende Ansprache. Argumentieren Sie weniger mit den Worten: **ich, mein, mir, mich** und vermeiden Sie weitgehend **wir, uns, unser**. Stattdessen argumentieren Sie mit den Worten: **gemeinsam, unsere Gemeinsamkeit, unser Gemeinsames**! Nach Marshall B. Rosenberg[4] gelingen Kommunikation und Verständnis aufgrund von Beobachtung, ohne zu werten, dem Einfühlen zu den Gefühlen, dem Wahrnehmen der Bedürfnisse und dem Formulieren von Ansprüchen als Bitte.

„Man muss nicht unbedingt das Licht des anderen ausblasen, damit das eigene recht hell leuchtet" (*altgriech. Sprichwort*). Kommunikationen unterscheiden sich nach der Art und dem Zweck. Wir lernen und passen unser Sprachvermögen und Verhalten in der Weise an, um einen bestimmten Erfolg mittels unserer Kommunikation zu erreichen. Erfolgsgerichtet sind Kommunikation und Verständnis dann, wenn Person und Aussagen eine inhaltliche Gemeinsamkeit verbindet. Nur bei größtmöglicher Redlichkeit von Gesagtem und Verstandenem erreicht man erfolgreiche Verhaltenswirkungen. Man unterscheidet in kommunikativen Aussagen was wahr und gutgemeint ist, sowie zwischen unwahr und niederträchtig.

Erfolgsgerichtete Kommunikationen beinhalten Aussagen, die das Eigentliche suchen und zwar so, dass es uns einen Sinn ergibt. Man kommuniziert in Schrift, Wort, Sprache und Verhaltensweisen mit dem Ziel, die Wahrheit, das logisch Nachweisbare inhaltlich zu bestimmen. In Vorgängen des Erfassens, Lernens, Wahrnehmens und Verstehens tragen uns Kommunikationen zu Erfolgsverwirklichungen. Diese Prozesse ergreifen gedanklich den ganzen Menschen. Der nach Erfolg strebende Mensch löst sich von festgefahrenen Gedankenpositionen und strebt nach neuen Vorstellungen, neuen Begründungen und neuen Erfolgsidealen. Erfolgreiche Kommunikation und Bewusstsein sind umgreifend. Das Kommunikative einer Erfolgsbestrebung besteht nicht allein im gegenständlichen Denken, sondern in den Gründen und Tatbeständen der Erkenntnisse unseres Verstandes. Denkgebilde und Gleichnisse bilden die Grundlage einer kommunikativen Atmosphäre des Erfolgsstrebens zur Erfolgsverwirklichung.

4 Rosenberg, M. B.: Gewaltfreie Kommunikation. Eine Sprache des Lebens, 12. Aufl. Junfermann, Paderborn 2016.

Die Frage nach dem Sinn, den Anstößen und der Selbstbesinnung der Erfolgsbestrebung muss kommuniziert werden. Wenn Aussagen und Kommunikation keinen Halt haben, wenn alles im Anderssein, Gegensatz und Widerspruch sich auflöst, verschwinden die Bestimmungen. Dann entsteht am Ende allenfalls ein spielerisches Interesse an Problemen oder eine Seelenverfassung zur Distanzierung von der Erfolgsbestrebung. Um eine Erfolgsidee zur Erfolgsverwirklichung zu kommunizieren, muss deren Zweckmäßigkeit objektiviert dargestellt werden. Dies bedarf einer reflektierenden Urteilskraft der Idee, um diese dann mittels medialer Verbreitung zum Erfolg zu führen. Die Freiheit der Kommunikationen entfaltet oftmals neue Sinngebungen und dadurch wird die Kommunikation von Erfolgsideen einer herausfordernden und zumeist neuen Weltsicht ausgesetzt, die einer Erklärung bedürfen. KANT stellte folgende Fragen, die in Bezug zur Kommunikation von Erfolgsideen stehen:

> *Was kann ich wissen? Was soll ich tun? Was darf ich hoffen? Was ist der Mensch?*

Bedeutsames und zurückhaltendes Schweigen kann mehr zum Nachdenken inspirieren als Redseligkeit. Man sollte anderen nicht seine eigenen Ansichten aufdrängen. Wovon man nichts weiß, sollte man schweigen. Wenn einem die Worte fehlen, muss das nicht Unwissenheit bedeuten, sondern Ausdruck der Einsicht in die Grenzen des Sagbaren. Um zur Wahrheit und zum Erfolg zu gelangen, sollte man losgelöst von egoistischen Motiven überzeugen und positive Empfindungen vermitteln. In der Regel öffnen Kommunikationen folgende zwei unterschiedliche Verhaltens- und Denkweisen zur Erfolgsverwirklichung:

- Kommunikationen und Verständnis dienen der Sicherheit von Entscheidungen!
- Neues Verständnis und neue Einsichten sollten interessant und vielversprechend sein!

Wenn Sie Ihre Idee, Ihre Innovation, Ihre Neuigkeit oder Ihren Erfolg anderen Mitmenschen, Kunden, Partnern, Mitarbeitern oder Interessenten etwas mitzuteilen haben oder diese für Ihren Erfolg gewinnen wollen, dann müssen

Sie mit ihnen in eine Kommunikation treten, um sie für Ihre Erfolgsverwirklichung zu gewinnen. Die Kommunikation Ihres Erfolgsanliegens soll Ihnen weniger Frust, aber mehr Lust bereiten. Dazu dienen Ihnen folgende allgemeine Kommunikationsregeln:

- Seien Sie offen und bereit, sich für Ihre Erfolgsidee zu engagieren!
- Sie sollten für Ihre Erfolgsidee potenzielle Interessenten finden!
- Engagieren Sie sich, um andere für sich und Ihre Idee zu gewinnen!
- Animieren und begeistern Sie andere für Ihre Erfolgsidee!
- Bestätigen Sie sich, indem Sie ihren Erfolgsweg klar und kritisch begehen!
- Malen Sie sich und anderen Ziele eines gemeinsamen neuen Erfolgsweges aus!
- Befruchten und befördern Sie Ihre Vision des Erfolges!
- Seien Sie alert, suchen und verbessern Sie Ihre Erfolgschancen!
- Lassen Sie – wenn möglich – andere teilhaben an Ihrem Erfolg!
- Begeistern Sie Anhänger Ihrer Erfolgsidee mit Ihrer Empathie!
- Betonen Sie den Sinn Ihres Strebens nach Erfolgsverwirklichung!
- Ermöglichen Sie den Kritikern Ihres Erfolgs Alternativen!
- Geben Sie anderen den Raum zu offenen Informationsfragen!
- Formulieren Sie logische Informationen, um Meinungen zu gewinnen!
- Widerlegen Sie Einwände und Kritik mit Offenheit, Kenntnis und Einsicht!
- Obsiegen Sie in Auseinandersetzungen durch logisches Schließen und Folgern!

Kommunikationen und Informationen unterliegen Transformationen, die unsere Verständnisweisen, die Sprache, die Bedeutungen und die Sinngebung wandeln. Neue Erfolgsideen können auf Barrieren stoßen und Sie können auch neue Erkenntnisse öffnen und Neues anstoßen. Die Digitalisierung verändert die Art und die Kultur des Kommunizierens. Neue Erfolgschancen der Dissemination von Informationen öffnen neue Vorgehensweisen und neue Verständnisse. Mit der Digitalisierung von Informationen erscheint uns diese als Ubiquität, d. h. Informationen sind – ähnlich der Luft – unendlich und allseits verfügbar. Die Entwicklung der künstlichen Intelligenz (KI) verspricht uns verfügbare Allwissenheit. Sollten wir dies fürchten oder gar abschaffen? Wird die KI so kreativ sein wie ein Mensch und zukünftig unser Bewusstsein ersetzen? Bedenkt man wie automatisiert wir kommunizieren, könnte uns KI möglicherweise helfen, dass wir uns selbst weniger wie Maschinen benehmen?

Relevanz, Objektivität, Zuverlässigkeit, Gültigkeit, Aktualität, Zweckmäßigkeit, Wirtschaftlichkeit der Kommunikationen und Informationen unterliegen neuen medialen Formaten der Digitalisierung, die Sie für Ihren Erfolg nutzen könnten oder sollten!

11 Rahmenbedingungen eines Wirtschaftserfolges

Der Begriff „*Wirtschaft*“ hat im Laufe von historischen Zeiträumen einen Bedeutungswandel erfahren. Früher, in der Zeit vorwiegend agrarisch geprägter Wirtschaftsstrukturen, verstand man unter *Wirtschaften,* die Gaben der Natur, das Pflanzen, Ernten und Jagen zum Lebenserhalt zu nutzen. Mit den Fähigkeiten des Menschen, sich handwerkliche Fähigkeiten der Herstellung von nützlichen Objekten anzueignen, gewann der Begriff *Wirtschaften* eine Bedeutung einer praktischen, anwendungsbezogenen Erfolgsleistung. In Zeiten und Gegebenheiten von Mangel an Ressourcen wird der Begriff *Wirtschaften* vor allem als Tugend des Haushaltens, als Sparen und Auskommen mit der Knappheit verstanden, abgesehen davon, dass einige Existentialisten unter Wirtschaft nur das Gasthaus kennen. Durch die Verbreitung des notwendigen Gebrauchs und der Herstellung von nützlichen Werkzeugen und Werken wird das *Wirtschaften* als Leistungswert der dienlichen Objekte gesehen. Der erwirtschaftete Wert von hergestellten, geleisteten, angebotenen und gehandelten Gütern und Diensten wird als *Wirtschaftsleistung* in Geld, Guthaben, Schulden oder Besitz und Eigentum berechnet.

Heutzutage, in unserer modernen Zeit der kulturellen und insbesondere der technischen Entwicklungen, wird der Begriff „*Wirtschaft*“ insbesondere mit dem erarbeiteten Wohlstand in Zusammenhang gebracht. *Wirtschafts*-Wohlstand sieht man als Lohn der Arbeit. Er dient dem Konsum des Individuums und der Prosperität der Gesellschaft. *Wirtschaften* kennzeichnet die Lehre der Ökonomie nach dem Prinzip des Strebens, mit geringstem Aufwand die größtmögliche Bedürfnisbefriedigung oder den größtmöglichen Ertrag oder Nutzen zu erzielen.

Die Ökonomie – als wirtschaftsorientierte Bestrebung unserer Lebensgestaltung – vollzieht sich in nachstehenden erfolgsgerichteten Ordnungs- und Planungsregeln des Wirtschaftens:

- *Wirtschaftlichkeit orientiert sich an einem Begehren nach Nutzleistungen*
- *Wirtschaften ist Sinn, Zweck und Mittel des materiellen Erfolgsstrebens*
- *Wirtschaftliches Handeln erwächst aus subjektiv erkannten Notwendigkeiten*
- *Wirtschaften dient dem Menschen zum Bedarf und zur Befriedung seiner Bedürfnisse*
- *Wirtschaftliche Angebote wecken Geldgewinnstreben oder begehrte Nutzleistungen*
- *Wirtschaftlichkeit wird durch rationales Handeln erfüllt oder verwirklicht*
- *Wirtschaften vollzieht sich in Interaktionen mit Angebot und Nachfrage*
- *Planung verteilt und ordnet gegenwärtige und zukünftige Nutzleistungen*
- *Planung leistet Ordnung oder Verfügungsgewalt über Ressourcen und Ideen*
- *Planung lenkt und leitet Erfolgsverwirklichung vom Gegebenen in die Zukunft*
- *Organisation ordnet Wirk-Zusammenhängendes zu erfolgsgerichteten Entscheidungen*
- *Organisationen bündeln und unterstützen Interessen und Gemeinsamkeiten zu Zielen*
- *Organisation öffnet dem Handel und dem Export-/Importgeschäft Markterfolge*

Ein Wirtschaftserfolg liegt in den Händen eines Menschen. Man gestaltet sein Leben mittels Entscheidungen, Vorlieben und Dispositionen, sei es als Käufer oder Kaufmann, als Konsument oder Hersteller, als Nachfrager oder Anbieter etc. Der wirtschaftende Mensch strebt nach seiner materiellen Wunschwelt. Dabei kann seine Erfolgsbestrebung den Menschen erheben oder erniedrigen. So verbinden viele Menschen mit dem Begriff *Wirtschaft* eine materialistische Lebenseinstellung und ein egoistisches Weltbild. Geld, Geiz, Gier sind die niedrigen Instinkte; Genuss, Geliebtes, Gekonntes sind Erfolgserlebnisse! Um Wirtschaften erfolgreich zu gestalten, bedarf es Rahmenbedingen der Wirtschaftswelt. Diese sind durch volkswirtschaftliche, betriebswirtschaftliche, staatliche und individuelle Ordnungssysteme gestützt. Folgende Wirtschaftsordnungssysteme führen zu wirtschaftlicher Prosperität:

Freie Marktwirtschaft

Das Wesen einer freien Marktwirtschaft besteht in der Verteilung von Entscheidungs- und Handlungsrechten und Handlungsleistungen des Wirtschaftens. Diese sind kodifiziert durch das Recht auf privates Eigentum an den Produktionsmitteln. Planung und Koordination der Wirtschaftsprozesse erfolgen dezentral. Haushalte und Unternehmen und deren Einkommens- und Gewinnverwendung, deren Gewinnbildung und Einkommensentstehung werden durch Marktpreise von Angebot und Nachfrage gebildet. Marktpreise werden in Einzelplänen der Wirtschaftenden aufeinander abgestimmt und verknüpfen Märkte in einen gesamtwirtschaftlichen Rechnungszusammenhang. Die freie Marktwirtschaft wird in der ökonomischen Theorie als ein selbstregulierendes, selbstoptimierendes System unter der Voraussetzung einer Entscheidungs- und Handlungsfreiheit der Wirtschaftssubjekte aufgefasst.

Soziale Marktwirtschaft

Die *Soziale Marktwirtschaft* versteht sich als Korrektiv zur freien Marktwirtschaft. Sie ist bestrebt, mögliche negative Auswirkungen von Marktprozessen zu verhindern. Die staatliche Wettbewerbspolitik der sozialen Marktwirtschaft soll einerseits den Wettbewerb sichern und andererseits private Marktmacht wie Monopole oder Kartelle nach Möglichkeit verhindern. Die wohlstandsmehrende wie koordinierende Funktion der sozialen Marktwirtschaft ergänzt und korrigiert eine strenge staatliche Ordnungs- und Sozialpolitik durch sozialpolitische, konjunkturpolitische oder arbeitspolitische Maßnahmen. Die Bedürfnisse des sozialen Systems, wie es sich in Deutschland herausbildete, zeigen sich im Verbandswesen, in der Mitbestimmung, in der dualen Berufsbildung und in der Renten- und Arbeitnehmerpolitik.

Zentrale Planwirtschaft

Der Begriff *Planwirtschaft* steht im Gegensatz zur freien Marktwirtschaft und der Eigenverantwortung des Wirtschaftenden. In einer Planwirtschaft werden die Wirtschaftsprozesse, die Produktion und der Konsum von Gütern, vollständig von einer zentralen Instanz geplant. Man könnte dies auch *Kommandowirtschaft* nennen. Das frühere Wirtschaftssystem der kommunistischen Sowjetunion funktionierte bzw. disfunktionierte durch eine monopolistische, autoritäre Wirtschaftsplanlenkung. Es herrschte Mangel an: Flexibilität, Steuerungssignalen, technologischem Fortschritt, Demokratie, Selbstbestimmung und Entscheidungsfreiheit.

Schattenwirtschaft

Schattenwirtschaft bezeichnet der Oberbegriff für ökonomische Aktivitäten, mit denen legal als Selbstversorger oder illegal aus Kriminalität und Steuerhinterziehung, Einkommen erzielt wird. Staatliche Marktregulierung, Besteuerung oder statistische Erfassung werden umgangen und vermieden. Darunter fallen Schwarzarbeit ohne Sozialversicherung, ohne Lohnsteuer, ohne erforderliche fachliche Qualifikation (Gesellenbrief, Meisterbrief) und ohne Gewerbeanmeldung, „Schwarze"-Kassen, illegaler Handel ohne Umsatzsteuer, Hehlerei, Geldwäsche, Schmuggel, Handel mit verbotenen Gütern, z. B. Drogen, Waffen und illegale Devisentransaktionen kennzeichnet eine Schattenwirtschaft.

Finanzwirtschaft

Das Finanzwesen besteht aus den Wirtschaftsfunktionen der Finanz- und Kapitalmärkte und deren Marktteilnehmer. Finanzdienstleitungen, Kreditinstitute, Börsen, Wertpapierdienstleister, Versicherungen, Investmentfonds, Pensionsfonds, Banken, Versicherungen und weitere institutionelle Anleger und Finanzinstitute sind die Akteure. Kapital, Geld und Zinsen sind die Finanzierungsmittel, die als Zahlungsverkehrsmittel, Investitionen oder als Wertschöpfung dienen.

Clanwirtschaft

Eine archaische Form des Wirtschaftens bilden Familien- und Sippenbanden. Insbesondere im Orient und in unterentwickelten Ländern ist Clanwirtschaft die einzig funktionierende Wirtschaftsform. Mit der Migration von Familien und Sippen in westliche, freiheitliche, hochentwickelte, marktwirtschaftliche Länder und Wirtschaftswelt gelingt nicht immer eine Assimilation der unterschiedlichen Kulturen. Es bilden sich Parallelgesellschaften, die an ihren angestammten Kultur-, Kommunikations- und Lebensweisen festhalten. So entstanden geschlossene Clanwirtschaften, in denen der Lebenserwerb nach eigenen Gesetzen erwirtschaftet wird und nicht mit den Gesetzen der modernen, freiheitlichen Wirtschaftsformen konform geht. Clanwirtschaften – wie zum Beispiel die Mafia, Ndrangheta, Camorra und die Triaden – erzielen ihre Wertschöpfung hauptsächlich aus Kriminalität, Prostitution und /oder Erpressung.

Zwangswirtschaft

Die Not zwingt den Menschen zu wirtschaften, um zu überleben. Eine Zwangswirtschaft entsteht aus Formen einer kapitalistischen oder autoritären Wirtschaft, in der durch Anwendung von außerökonomischem Zwang die Produktion im Interesse der Profite des Monopolkapitals reguliert wird. Insbesondere in Zeiten wirtschaftlichen Notstandes und im Krieg werden die Bürger durch Zuteilungen, Einschränkungen und Planungen gezwungen, einer Zwangswirtschaft zu folgen. Der Staat reguliert und kontrolliert die Wirtschaft ohne Wahlmöglichkeiten der Bevölkerung. Zwangswirtschaft wurde in Deutschland sowohl im ersten als auch im zweiten Weltkrieg anbefohlen.

Anarchistische Volkswirtschaft

Anarchismus bezeichnet eine politische Ideenlehre der Herrschaft, die jede Art von Hierarchie als Form der Unterdrückung von Freiheit ablehnt. Eine anarchische Volkswirtschaft bezeichnet eine politische Ideenlehre und einen Staatssozialismus, welche die Herrschaft von Menschen über Menschen und jede Art von Hierarchie als Form der Unterdrückung von Freiheit ablehnt. Die wirtschaftlichen Hauptursachen einer sozialen Ungerechtigkeit entspringen folgenden anarchischen und sozialen Ausprägungen des Wirtschaftens: Mietwucher, Bodenrente, Wohnungsmiete sowie Geldverleiher, Grundeigentümer und Handelsmonopolisten.

12 Wirtschaftliche Gestaltung des Geschäftserfolgs

Die Formen des Wirtschaftens sollten den Anforderungen und den praktischen Gestaltungen der Lebenswelt der Menschen folgen. Jede Gestaltung, Normierung und Entscheidung des Wirtschaftens ist an den konkreten Bedürfnisbefriedigungen und Notwendigkeiten zu messen. Die Rahmenbedingungen eines wirtschaftlichen Erfolges stehen in einer Abhängigkeit ihrer Wirtschaftlichkeit über Entscheidungen des Angebots und der Nachfrage sowie ihrer ökonomischen Realisierbarkeit und Zweckmäßigkeit. Geplante Erfolgsentscheidungen des Wirtschaftens sollten im Streben nach geordneten und zielgerichteten Entscheidungen und Vorgehensweisen ausgerichtet sein. Wirtschaftserfolge umfassen Bestrebungen, gegebene Mängel zu überwinden und neue Erfolgsverwirklichungen zu erreichen, wie das nachstehende historische Beispiel aufzeigt.

Nach den Kreuzzügen und der Eroberung Konstantinopels (1204) öffnete sich für mehrere Jahrhunderte der direkte Wirtschaftshandel zwischen Städte und Märkte, z. B: Venedig–Konstantinopel sowie der Fernhandel tief nach Asien und Europa. Fernhandel erforderte Schiffe, sowie nautische Expertisen und darüber hinaus Kapital, Kredite und Erfolgsvertrauen. Der Handel entwickelte sich über Tauschwirtschaft hinaus zu finanzwirtschaftlichen Transaktionen. Mit einer Finanzwirtschaft der Geldwerttransaktionen entstanden Banken. Noch heute gibt es Einzelhandelskaufleute, wie „Tante-Emma"-Läden, und weltweit disponierende Handelsmonopole, z. B. Pfefferhandel, Kohle- oder Erdölgeschäft, Zündhölzer, u. a.

Die kommerzielle Revolution mit ihren neuen Organisations- und Lebensformen führte zu einer Dominanz des Wirtschaftens, des Rechtshaftung und der Kontrollmechanismen. Handelsusancen und -strukturen des Erwerbs- und Austausches brachten neue revolutionäre, innovative Handels- und Wirtschaftsformen hervor – z. B. den Handel von Kapitalwerten an Börsen, Auktionen, Großhandel, Selbstbedienungsautomaten, Onlinehandel und das Marketing. Der Urgrund des Wirtschaftserfolges liegt im existentiellen Ringen des Menschen um die Knappheit und Begehrlichkeit der Güter und deren Verfügbarkeit von Angebot und Nachfrage.

- *Orientierung des Wirtschaftens analog der Nachfrage und Verfügbarkeit von Gütern*
- *Orientierung auf die Qualität und Leistung der Produkte und Angebote*
- *Erfüllung der Marktbedürfnisse und der Kundenzufriedenheit*

Das Erfolgsbestreben mittels des Marketings

Marketing ist die zentrale Voraussetzung für die Existenz, das Überleben und das Wachsen von Unternehmen und Unternehmungen und um Wirtschaftserfolge zu erreichen und zu verwirklichen[5]. Erfolgsverwirklichungen stellen eine Hochleistung dar, die Anstrengungen, Bemühen und Erkenntnisse – das heißt Fakten – erfordern. Erfolge werden durch Zielstrebigkeit, Selbstbewusstsein, Gründlichkeit, Fertigkeit und Kenntnis erworben und nachstehend allgemein beschrieben.

Marketing ist die Kunst, den Kunden oder Nachfrager, den Anbieter oder Verkäufer zum Markterfolg eines Geschäfts und eines Gewinns zu verhelfen!

5 Vgl. VENKER K.: Hochleistung Marketingerfolg, Einführung in das Marketing als Kunst und Fertigkeit, 2. Aufl., Shaker Verlag Aachen 2002.

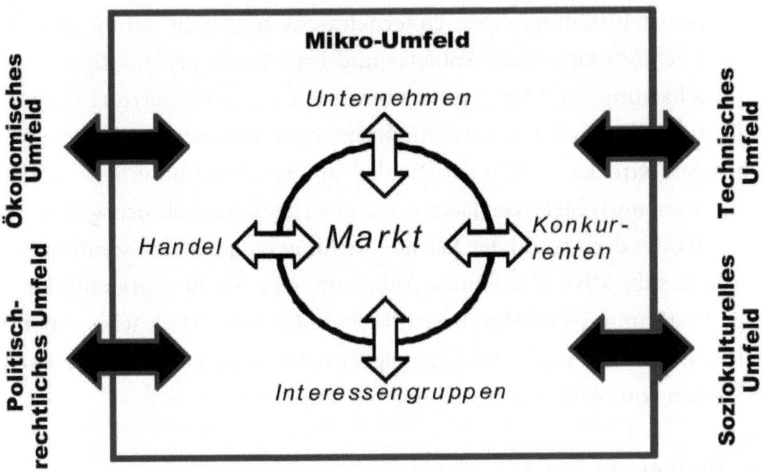

Der Markt ist der Ort, respektive das Geschäftsfeld, in dem die Interessen der Kunden und der Anbieter sich gegenüberstehen und das ökonomische, soziokulturelle, polizisch-rechtliche und technische Umfeld kongruent sich zueinander fügen!

Marketing wird zur Lüge, Täuschung, Verführung oder Betrug, wenn deren Erfolgselemente wie Werbung und Promotion für Produkte und Dienste des Anbieters nicht der Wahrheit und der Ethik entsprechen!

> *Geld, Geiz, Gier sind die niedrigen Instinkte; Genuss, Geliebtes, Gekonntes sind Erfolgserlebnisse!*

Die Marktmachtstellung eines Unternehmens zeigt sich daran, welche Bedeutung sich Marktpartner, Anbieter und Nachfrager gegenseitig zumessen. Die Einschätzung der Marktpartner bestimmt die Durchsetzung des jeweiligen Entscheidungswillens. Das Durchsetzungsvermögen des Anbieters oder Nachfragers wird dabei nicht vordringlich aufgrund von äußerlich-sichtbaren, quantitativen und objektiven Fakten, wie etwa der Unternehmensgröße, der Finanzkraft oder der Anzahl der Marktteilnehmer eingeschätzt, sondern es sind zuvorderst subjektive Urteile des Anbieters oder Nachfragers entscheidend für die Bestimmung des Marktmachtverhältnisses der Marktteilnehmer. Wie sehen sich Anbieter und Nachfrager gegenseitig? Man kann drei unterschiedliche Typen von Marktmachtstellungen kategorisieren:

- **Marktmacht Typ A**
  Der Anbieter sieht Nachfrager kollektiv und einzelne Nachfrager als relativ unbedeutend
- **Marktmacht Typ B**
  Der Nachfrager sieht Anbieter kollektiv und einzelne Anbieter als relativ unbedeutend
- **Marktmacht Typ C**
  Anbieter und Nachfrager sehen sich gegenseitig als singulär.

Je nach der Marktmachtstellung, die ein Wirtschaftsunternehmen oder ein Unternehmer einnimmt, dienen Marketingziele, Marketingstrategien und Marketingentscheidungen unterschiedlichen Gestaltungen und Zielen des Markterfolges. Nachstehende Aufstellung zeigt die Optionen der jeweiligen Marktmachtstellung:[6]

6 Vgl.: Theisen P.: Marktseitenverhältnisse, Marktformen, Grundlagen der Instrumente der absatzpolitischen Aktionsparameter der Anbieter und als beschaffungspolitischer Aktionsparameter der Nachfrager, in: K. Venker: Vorlesungsskripte. Hamburg 1970.

Marktmacht-stellung	Typ A	Typ B	Typ C
Allgemeine Unternehmens-politik	Streben nach Macht und Größe	Streben nach Profilierung	Streben nach Partnerschaft
Dominante Erfolgsstrategie	Umsatzsteigerung	Kostenvermei-dung, Haushalten	Gewinnsteigerung
Marketingziel	Wachstum der Kundenbeziehun-gen	Kundenzentriertes Marketing	Kundenbindung, Kundentreue
Typische Wettbe-werbssituation	Marktführerschaft, Marktdominanz	Verdrängungswett-bewerb	Alleinstellung – kaum Konkurrenzdruck
Instrumente der Leistungspolitik	Produkt- und Preispolitik werden autonom bestimmt	Mengenbestim-mung bei gege-bener Leistungs-forderung	Partnerschaftliche Abstimmung und Verhandlung
Durchsetzung der Erfolgs-präsenz im Markt	Probleme und Konflikte werden einseitig vom An-bieter entschieden	Anforderungen des Marktes, oder der Kunden werden vom An-bieter akzeptiert	Gemeinsame Problem- und Konfliktlösung durch Anbieter und Nachfrager
Profilleitung und Erfolgsmotto	Massenwerbung „Wir sind wir!“	Direkt-Werbung „Wir sind auch da!“	Persönliches Gespräch „Wir sind für Sie da!“
Beispiele von Er-folgsmerkmalen	Weltmarke *„Coca-Cola“* Weltweite Omnipräsenz	Einzelhändler *„Tante Emma“* Großer Konkurrenzdruck	Architekurbüro *„Bau fix Meier“* Vertrauen zwischen Bauherr und Architekt

Jede Marktmachtstellung kann mit einer vorherrschenden Wettbewerbsstrategie zum Markterfolg führen. Dabei sind folgende Strategie-Typisierungen möglich:

Marktführer-Strategie	Der Marktführer wird in der Branche anerkannt. Üblicherweise besitzt er den größten Marktanteil im relevanten Markt und veranlasst die Konkurrenten, sich in ihren Produktleistungen dem Marktführer anzupassen. Neue Produkteinführungen, dominierende Abdeckung im Handel, intensive Promotionsaktivitäten werden vom Marktführer initiiert. Zum Beispiel haben MICROSOFT oder COCA-COLA eine derartige Marktmachtstellung inne.
Herausforderer-Strategie	Unternehmen können den Marktführer durch aggressiven Wettbewerb herausfordern. Diese Herausforderungen können in Produktinnovationen, aggressiven Promotions- und Werbeaktivitäten oder in expansiven Akquisitionsinitiativen bestehen. Z. B. TOYOTA erreichte seinen Markterfolg gegenüber GENERAL MOTORS und VOLKSWAGEN aufgrund seiner Herausforderer-Strategie.
Folger-Strategie	Viele Unternehmen ziehen es vor, dem Marktführer zu folgen anstatt ihn herauszufordern. Folger-Unternehmen lernen von den Fehlern und Erfolgen des Marktführers und sie erreichen Markterfolge ohne hohe Innovationen, Investitionen und Risiken tragen zu müssen. Die Folger-Strategie besteht in der Absorption oder Imitation von Informationen über Produkt-, Präsenz- und Profilleistungen des Marktführers zu. Z. B: Das Textil-Unternehmen *LACOSTE* wird von einem chinesischen Unternehmen imitiert, indem es das Markenzeichen „Krokodil" spiegelbildlich verwendet.
Nischen-Strategie	Unternehmen, die eine Nischen-Strategie verfolgen, sind Marktführer im kleinen Marktsegment. Sie vermeiden die direkte Konkurrenz zu den marktbeherrschenden Unternehmen, denen die Nische unattraktiv erscheint. Zum Beispiel: Eine kleine, erfolgreiche Bamberger Brauerei braut „Rauch-Bier", eine Nische des Biermarktes.

In modernen Wirtschaftsstrukturen wird der Unternehmer oder das Unternehmen hineingeworfen in ein Ringen um die wirtschaftliche Erfolgsverwirklichung.

Das volkswirtschaftliche und geschäftliche Erfolgsstreben

Wirtschaftliche Gestaltungsprozesse der Ökonomie gehen von Marktgegebenheiten aus und können einen Markterfolg begünstigen. Volkswirtschaften und Betriebswirtschaften stehen in einem Wirtschaftserfolgsstreben aufgrund des Bedarfs und dem Ringen um die Knappheit der Güter und Ressourcen. Volkswirtschaftliche Entscheidungen streben nach dem Erfolg des Handels und Wandels in Fürsorge für den Begehr nach Nutzleistungen der Gesellschaft. Volkswirtschaftliche Strategien bezwecken eine sinnvolle und rationale Erfolgsverwirklichung des Wirtschaftens zu ermöglichen und zu erstreben. Nutzleistungen des Wirtschaftens sind als aktive Leistung ausschlaggebend für Erfolge. Erfolgsverwirklichungen stehen in einer Abhängigkeit der Wirtschaftsleistungen. Dies lässt sich vereinfacht als ein Kreislaufmodell darstellen. Unternehmen erschaffen Güter, die sie den Hauhalten gegen Geld verkaufen. Menschen stellen ihre Arbeitskraft für die Produktion von Waren und Gütern – oder Grundeigentum und Kapital – zur Verfügung und erhalten eine Entlohnung bzw. Lohn, Miete oder Rendite. Banken oder Finanzinstitute verzinsen Einlagen und nutzen dieses Kapital, um es Unternehmen für Investitionen zu leihen – und so aufs Neue die Produktionen oder Innovationen anzutreiben.

Der Preis wird von Angebot und Nachfrage von Diensten, Gütern und Geld oder Kapital und Investitionen regiert. Flexibilität und Agilität des Wirtschaftens zeigen sich in dem Einsatz von Zeit und in der Intensität des Wirtschaftens von Arbeit, Kapital, Gütern, Dienstleistungen, Konsum, Nachfrage und Investitionen. Die Wirtschafts-, Geld- und Kapitalströme sind in nachstehender Abbildung des Kreislaufs der volkswirtschaftlichen Ökonomie dargestellt:

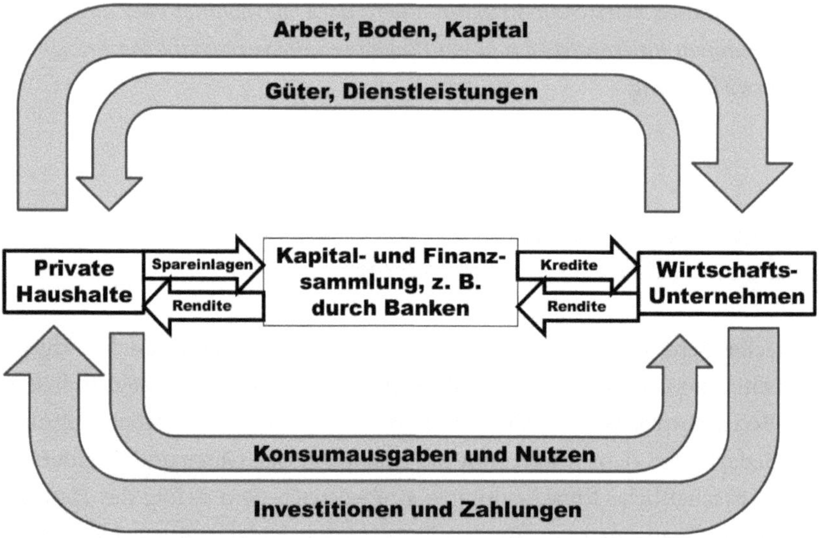

Sinkende wirtschaftliche Erfolge verstärken den Konkurrenzkampf, der zu Insolvenzen von Betrieben führen kann. Das Kapital konzentriert sich zunehmend in stetig wachsende, monopolistische Unternehmen und Konzerne. Dies kann zu einer Steigerung der Arbeitslosigkeit, aber auch zu einer höheren Rendite führen. Der Kapitalismus erdrückt das System der freien Markwirtschaft. Die wirtschaftliche Ausbeutung akkumuliert einerseits Kapital der Reichen und erzeugt andererseits den Niedergang und das Elend der Besitzlosen. Ökonomie und Wirtschaftspolitik wirken auf die Erfolgschancen von Erfolgsstrebenden, von Konzernen, Unternehmen, Angestellten und Arbeitern!

13 Erfolgserkenntnis mittels Anschauungen und Vorstellungen

Anschauungen und Vorstellungen bedingen und formen unsere Weltbilder und Weltgestaltungen. Sie setzen uns als Subjekt in Beziehung zu Objekten. Subjekt und Objekt der Anschauungen und Vorstellungen stehen sich gegensätzlich gegenüber und es fließen zwischen beiden jeweils Erkenntnisströme der Lebensgestaltung und Erfolgsverwirklichung.

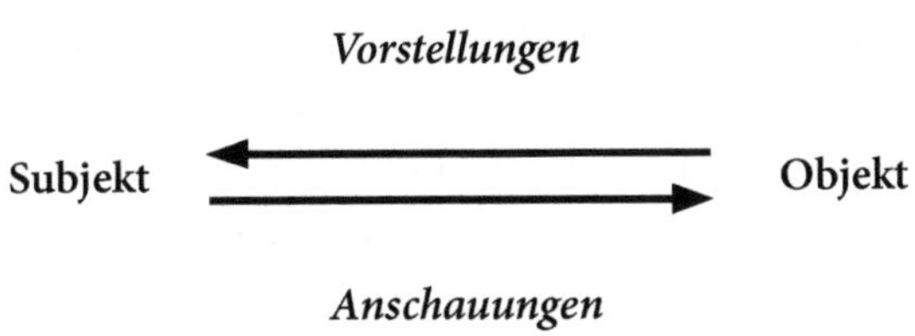

Anschauungen unseres Erkenntnisvermögens

Anschauungen gehen vom Subjekt aus und richten sich auf Objekte. Anschauungen formen sich aus unserer Sinnlichkeit. Die Sinnlichkeit öffnet uns eine Intuition, eine Wesensschau oder eine Erkenntnis über die intellektuelle oder dingliche Gestaltung von Objekten in Raum und Zeit. GOETHE sah Anschauungen als das Sichtbarwerden von Ideen, ein Bewusstwerden des Wesentlichen und als ein Urteil über Wesentliches. Nach SCHOPENHAUER sind Anschauungen nicht abstraktes Wissen, sondern ein tiefes Erkennen der Auffassungen von Weltlichem. Wir lernen und transferieren mittels unserer Anschauung unsere Ideen zu Erfolgsmöglichkeiten.

Anschauungen betreffen Urteile oder Erkenntnisse des Subjekts über Angeschautes oder virtuelle Objekte und bewirken eine bewusste und eine geformte subjektive Wahrnehmung, Meinung oder Erkenntnis. Der Bewusstseinsstrom des Erkennens und die Bewertungsurteile richten sich vom erkenntnissuchenden Subjekt ausgehend auf das angeschaute Objekt hin. Wenn ein Subjekt – ein Mensch – einen anderen Menschen aufgrund Anschauungen beurteilt, wird der Angeschaute zum beurteilten Objekt. Anschauungen sind sinnliche Wahrnehmungen oder Erkenntnisse aufgrund gemachter Erfahrungen oder Vorstellungen (*a posteriori*), durch die sich dem Erkennenden ein subjektiver Sinn erschließt. Nach KANT sind Gedanken ohne Inhalt leer, Anschauungen ohne Begriffe blind. Begriffe geben den Sinn von subjektiven Eindrücken über physisch-materielle Objekte wieder. Durch den in Begriffen gefassten Eindruck des Erkennenden, werden Objekte subjektiviert.

Zum Beispiel mag man den Gegenstand *Mobiltelefon* für die beste Erfindung der Neuzeit halten. Diese subjektive Anschauung spricht dem physisch-materiellen Objekt des Mobiltelefons gut begründbare, materielle Spezifikationen zu. Die angeschaute, erfahrene Zweckmäßigkeit und die Nutzenvorteile des Objekts geben dem Subjekt – also dem Nutzer und Besitzer – einen Sinn und eine subjektive Bedeutung. Das Mobiltelefon kann für den Nutzer ein wertvolles Objekt sein, wenn oder weil es seinen Anschauungen entspricht. Die Anschauung eines Objektes durch den Erfolgsstrebenden prägen seine Ideen über einer Erfolgsverwirklichung.

Anschauungen formen unseren Willen zur Veränderung oder Verbesserung unseres bestehenden Weltbildes. Die Wirkungskräfte unserer Erkenntnisbestrebungen können selbstbestimmt oder fremdbestimmt sein und entweder auf Erfolgsverwirklichung oder auf Misserfolgsvermeidung abzielen. Es besteht ein Zusammenhang von Entscheidungen, Handlungen, Erfahrungen und Einstellungen für den Bau eines neuen Weltbildes. Jede Weltsicht lebt von Visionen, Erfolgsversprechungen oder Potentialen. Neue Horizonte setzen notwendige Anpassungen und erfolgsversprechende Gegebenheiten voraus. Nachstehende Abbildung zeigt die Positionierung der Anschauungen von Misserfolgskräften und Erfolgskräften.

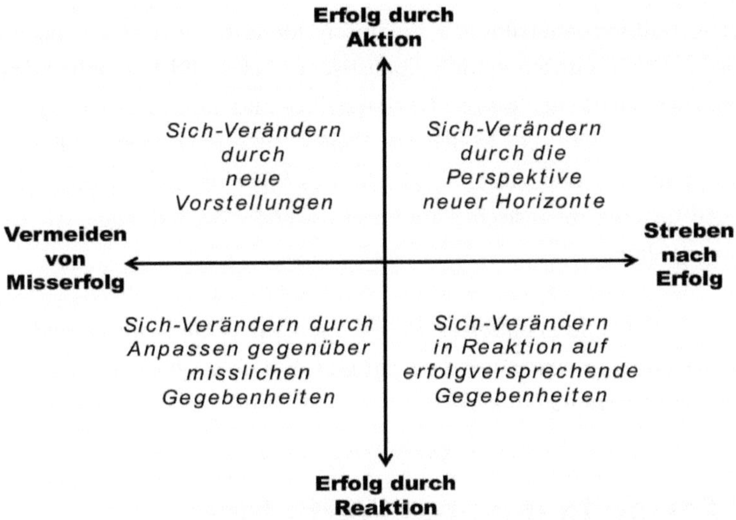

Wir erleben individuelle, intellektuelle Veränderungen unseres So-seins und Da-seins aufgrund eines intentionalen Bewusstwerdens erfolgsbewerteter Anschauungen!

Die Vorstellungen unserer Weltsicht

Jeder wünscht sich ein erfülltes Leben. Aber zum Leben gehören auch das Scheitern und Konflikte. In unserer heutigen komplexen und schnelllebigen Gesellschaft sind wir Unsicherheiten und Unruhen ausgesetzt, die den Sog von revolutionären Massenbewegungen annehmen können. Zumeist existieren wir in einem Mainstream, durch welchen unsere Lebensgestaltung fremdbestimmt wird. Wir sollten stattdessen lernen, dass unsere selbstbestimmte Freiheit ein lebenslanges Abenteuer ist, in dem wir unser *Glück im Winkel* sichern müssen. Dies kann riskant, aber zugleich interessant sein.

Die Identität unseres So-seins kann von extrinsischen Vorstellungen des So-sein-Wollens geprägt sein oder von einem Image des Anders-sein-Wollens. Es ist zu unterscheiden, ob unsere Weltsicht intrinsisch oder extrinsisch ausgerichtet ist. Entsprechend spiegelt sich dies in unserem Weltbild und unseren Weltgestaltungsvorstellungen, die unsere Identität formen. Wir neigen dazu, unsere Welt aus unserem individualistischen Selbstbild zu sehen und zu verstehen. Dieses wirkt als Image, als vorgestelltes Bild, durch das wir anders erscheinen oder anders sein wollen als Andere. Images werden als Fremdbilder übernommen und diese Wirkkräfte des So-seins und Anders-seins entspringen unseren intrinsischen und extrinsischen Vorstellungen, die wir hinterfragen sollten.

Unser Selbstbild und Fremdbild sollte offen sein für Veränderungen und Neues. Dadurch gewinnen wir die Kraft und die Freiheit für neue Ideen und bessere Lebensgestaltungen!

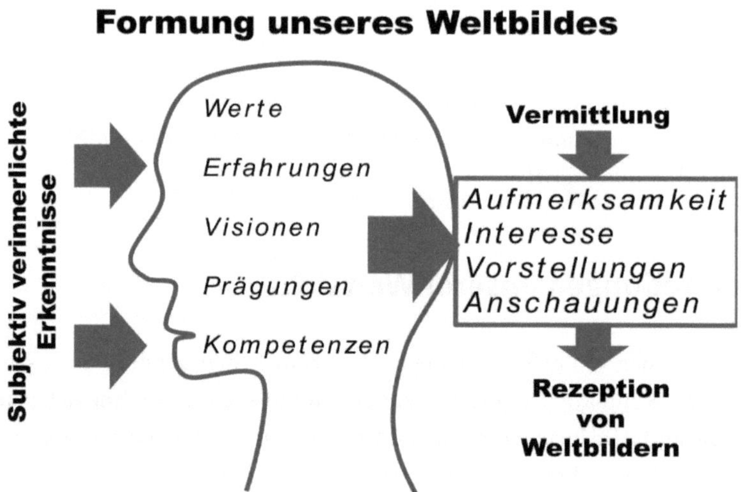

Abb.: Schematische Formung unseres Weltbildes

Man stelle sich beispielsweise eine Gemeinschaft von Menschen vor, die ohne Lüge miteinander lebt. Diese Vorstellung beruht nicht allein auf Erfahrung, sondern sie wird auch durch ein geistig-metaphysisches Wunschbild eines Menschen genährt, indem sie den Sinn oder die Bedeutung einer heilen und besseren Welt ersehnt. Wenn man eine neue Erfolgsmöglichkeit sieht oder erkennt, dann kann dies für den Betrachter in seinem subjektiven Urteil als erfolgsversprechend gelten. Ob das Objekt eines Erfolges tatsächlich allgemeingültig und wirklich ist oder von einer objektiven Wirklichkeit abhängt, formt das Weltbild des Betrachters. Unser Gebäude der Weltsicht und Lebensgestaltungen beruht also auf subjektiven Bausteinen von Überzeugungen.

Um unser Weltbild zu verändern und neu zu formen bedarf es Erkenntnisse, deren Werte, Erfahrungen, Visionen, Prägungen und Kompetenzen wir in unserem Selbstbild sehen und ersehnen. Durch Aufmerksamkeit und Interesse können wir unser Weltbild erweitern und verändern. Aufgrund unseres subjektiven Erkenntnisvermögens können wir uns ein neues Weltbild oder neue Weltgestaltungen vorstellen. Dies verändert bewusst unser bisheriges Weltbild zu einem neuen Weltbild. Daraus können sich neue Lebensgestaltungen formen oder verwirklichen. Obwohl wir unsere subjektiven Weltbilder als objektivierte Erfahrung bestätigt sehen, sollten wir den Mut oder die Kreativität aufbringen, uns neue Weltbilder oder neue Weltgestaltungen zu denken.

Vorstellungen unseres Erkenntnisvermögens

Wir haben es in der Hand, mittels unseres freien Willens zum Erfolg aufzusteigen oder unseren Misserfolg zu vermeiden. Unser freier Wille vermag uns als ein wesentlicher Gestalter unseres Lebens dienen. Die willentliche, zielführende Vorgehensweise einer Bedürfnisbefriedung und Lebensgestaltung kann durch folgende Postulate erfüllt werden:

- *Vom Allgemeinen zum Besonderen!*
- *Vom Einzelnen zum Ganzen!*
- *Vom Bestehenden zum Sich-Verändernden!*
- *Von der differenzierten Vielfalt zum Typischen!*
- *Vom Einzigartigen zum Allgemeingültigen!*
- *Vom Bekannten zum Unbekannten!*
- *Vom Ungewissen zum Gesicherten!*
- *Vom Unwichtigen zum Hauptsächlichen!*

Vorstellungen fundieren auf Grundfesten des Seins und Daseins – den Voraussetzungen unserer Existenz. Man kann diese Strukturen als ein Gebäude verstehen, mittels denen der Mensch seine Welt gestaltet. Die Architektur eines antiken Tempels versinnbildlicht die Vorstellung einer Erhabenheit. Das Erhabene erfüllt eine Vorstellung der ästhetischen, religiösen oder ethische Anmutung von Großem, Ewigem oder Heiligem, die uns Verehrung, Achtung und Erfolg und das Wahre und Ewige symbolisch vermitteln.

Das Fundament unseres Seins und Daseins gründet die Erkenntnisfähigkeit des Menschen. Je stabiler die Fundamente als Grundlage sind, desto stärker und sicherer unser Erfolg. Starke Säulen tragen unseren Vorstellungsraum der Ideen respektive die Bestrebungen der Erfolgsgestaltung. In der Antike trugen die Tempel im Fries Reliefs geschichtlicher Ereignisse. Heute tragen Repräsentationsgebäude Botschaften der Vorstellungen der Macht oder Werbung.

14 Wert und Bewertung von Erfolgsideen

Der Wert und die Bewertung von Erfolgsbestrebungen bemessen sich an den zugrundeliegenden Erfolgsideen und an den subjektiven oder objektiven Wertschätzungen von Erfolgsobjekten. Das Urteil über einen Erfolg besteht in einem sich zu eigen machen des Sinns der Erfolgssuche. Ein Werturteil über einen Erfolg gleicht einem Urteil über eine Liebe. Wie die Liebe, so benötigen wir auch den Erfolg. Eine gewünschte und realisierte Erfolgsbestrebung erhöht den Menschen zur Erfüllung seines Lebensgefühls. Die Idee einer Erfolgsbestrebung öffnet und leitet und bannt den Erfolgssuchenden auf die Sichtweise der Erwartung und Errungenschaft eines Erfolges der Erfolgsverwirklichung.

Der Ausdruck „Wert" gilt für etwas Gegebenes und Tatsächliches. Die Idee eines Wertes besteht und zeigt sich in Lebens- und Erfolgswerten unter folgenden Wertsetzungen:

- Daseinswerte der Dinge und deren Wesen
- Zusammenhangswerte der Natur, Geschichte oder Vernunft
- Einheitswerte der Harmonie, der Liebe und des Glücks
- Schönheitswerte der Künste und Kultur
- Leistungswerte des Wachstums, Fortschritts und der Entwicklung
- Grundwerte der Schöpfung, des Menschlichen und des Daseins

Das Begehren nach Erfolg ist in unserem Menschsein von Natur aus angelegt. Etwas – einen Gegenstand, ein Ereignis oder eine Gegebenheit – können wir wertschätzen, indem wir aufgrund einer Erfolgsaussicht dem Neuem, Vorteilhaftem oder Günstigem einen subjektiven oder objektiven Wert zumessen. Ein sich-zu-eigen-machen seiner Erfolgsverwirklichung folgt ideellen oder dinglichen Wertmaßstäben. Diese Bewertungen eines Erfolges können in einer immateriellen Bewertung oder in einer materiellen Bewertung vollzogen werden.

Die immaterielle und subjektive Bewertung einer Erfolgsidee

Eine Erfolgsidee vermag uns zu fesseln und zu begeistern. Diese innerliche Ergriffenheit von einer Erfolgsidee lässt uns von vergangenen oder gegenwärtigen Lasten und Bürden eines beschwerten Lebens ablenken. Mit der Idee eines Erfolges verbinden wir Hoffnungen und Glücksgefühle. Wir spüren und bewerten eine Erfolgsidee als immaterielle Möglichkeit des persönlichen Glückempfindens. Eine derartige subjektiv empfundene Erfolgsverwirklichung können wir als traumhaft, unendlich, unwirklich, himmlisch, losgelöst oder befreiend in unserer Gestimmtheit nachfühlen und deshalb als immateriellen Wert lieben und nachempfinden.

Aber Erfolgsideen vermögen uns auch bedrücken und bedrohen. Die Selbstreflektion von empathischen Empfindungen in Bezug zu Erfolgsverwirklichungen erfordern eine Aufrichtigkeit und Ehrlichkeit. Erfolgsversprechen unterliegen subjektiven Bewertungen von Erfolgsgläubigen und Erfolgsstrebenden. Emotionen und Empfindungen entziehen sich oftmals einer objektiven Beurteilung, aber sie können durchaus ein Selbsterfahrungserlebnis als auch Gefühle der Sehnsucht oder Habsucht in uns wecken. Wir sind dann einer subjektiven Bewertung unseres Erfolges ausgesetzt.

Erfolgsideen beflügeln unsere gegenwärtige Erfahrungswelt. Manche Erfolgsidee besteht insbesondere in einer Revolution unserer inneren Verfasstheit. Versprechen und Propaganda von einer neuen und besseren Erfolgswelt erheben, verändern oder bestimmen unsere subjektive Sicht des Daseins und Sosein. Man ist innerlich gezwungen, eine Erfolgsbestrebung anzunehmen oder ihr zu widerstehen. Aber oftmals ist man aufgrund einer Verantwortung oder einer Zwangslage genötigt, einer sogenannten Erfolgsidee zu folgen. Oft bewertet man eine Idee, indem man auf seine innere Stimme hört oder man folgt unbedacht seiner Sehnsucht. Oft bleibt uns nichts anderes übrig, als wahllos einer sogenannten Erfolgsidee zu folgen. Notwendigerer Weise können wir dann lediglich eine subjektive, immaterielle Bewertung unseres Erfolgsstrebens vornehmen.

Folgende immateriellen und subjektiven Bewertungsmaßstäbe von Ideen sind zum Beispiel:

Leiden	Befindlichkeit und Schmerz aufgrund von Nöten, Krankheiten, Ungemach, Schicksal oder Verlust
Vorlieben	Interessen und Gefallen aufgrund von Geschmacksurteilungen
Zufall	Unvorhergesehene Ereignisse und Eindrücke
Gewohnheit	Unbedachte eingeübte Selbstverständlichkeiten und Empfindungen

Tradition und Lebenserfahrungen formen unser Verhalten und unsere Befindlichkeit. Wenn wir etwas beurteilen oder begehren, stützen wir uns auf unsere positiven oder negativen Erinnerungen und tradieren sie auf unsere zukunftsgerichteten persönlichen Entscheidungen. Wir sehen und erkennen den Wandel in der Natur und Geschichte, aber wir bilden unsere selbst-bestimmte Bewertung aufgrund unserer subjektiven Urteile. Alles in der Natur entsteht, erwächst, gedeiht, erblüht und verwelkt, vergeht, verkommt und stirbt. Es ist kein Kreislauf, sondern ein Fließen. Wir Menschengeschöpfe sind diesem Naturgesetz unterworfen und bewerten sie als subjektive und persönlichbetreffende Tatsachen.

Der altgriechische Begriff *Metaphysik* bezeichnet – über die Physik hinausgehend – das Fließende, respektive das Veränderliche der menschlichen Befindlichkeiten und Verhaltensweisen. Metaphysik kennzeichnet ein Erfolgsvorgehen, dass deduktiv bzw. spekulativ eine Wirklichkeit deutet. Das metaphysische Prinzip kann als Idee Gottes, als Sein, als Weltgeist oder Wille verstanden werden. Erfolge werden induktiv-deduktiv oder spekulativ-deduktiv von Ereignissen geprägt, die unser Weltbild und unsere Überzeugungen formen und nach denen wir subjektiv handeln und entscheiden.

Gesetzmäßigkeiten sind zumeist als Exponential- oder als Normalverteilungen abgebildet. In der Physik – als auch der in Metaphysik – beobachten oder messen wir Tatbestände und Veränderungen in Zeit und Raum. Sachverhalte sind als strukturierte Entitäten, die sich auf Konstellationen in Raum und Zeit beziehen und sich aus Eigenschaften und Relationen zusammensetzen. Sofern Sachverhalte in der Wirklichkeit eine Entsprechung haben, spricht man von Tatsachen. Für realistische Ontologen haben Aussagen über Sachverhalte eine Entsprechung in der Wirklichkeit, welche Aussagen zu Wahrheiten und Tatsachen erheben.[10]

Ludwig Wittgenstein hat mit seinem Werk *Tractatus logico-philosophicus*[7] eine Ontologie skizziert, die ganz auf Sachverhalten beruht und deren Kernsätze sind:

- Die Welt ist die Gesamtheit der Tatsachen, nicht der Dinge.
- Was der Fall ist, die Tatsache, ist das Bestehen von Sachverhalten.
- Der Sachverhalt ist eine Verbindung von Gegenständen. (Sachen, Dingen.)
- Das Bestehen und Nichtbestehen von Sachverhalten ist die Wirklichkeit.
- Die Art und Weise, wie Gegenstände im Sachverhalt zusammenhängen, bilden die Struktur der Sachverhalte.
- Die Formen zeigen die Möglichkeit von Struktur auf.

Die materielle und objektive Bewertung eines Erfolgsobjektes

Erfolgsideen bestehen zumeist darin, ein Ziel zu erreichen. In diesen Fällen muss die Zielsetzung in konkreten, allgemeingültigen Werten der Erfolgsverwirklichungen ausgedrückt werden. Materielle oder objektive Bewertungen stellen ein Ziel und ein normatives Erfolgsgeschehen dar. Erfolgsstrebende setzen ihre Kompetenz und ihre Vernunft ein, um mittels dieser Selbstbestimmung ihre Autonomie und ihre Urteilskraft, Erfolgsobjekte zu erstreben und zu verwirklichen. Es sind Gestaltungen der Zukunft unter der Voraussetzung von Erfolgsverwirklichungen. Diese Zukunftsbestimmungen bedürfen einer objektiven Bewertung von deskriptiven und normativen Geschehnissen. Die materielle und objektive Bewertung eines Erfolgsobjekts wird bestimmt durch allgemeingültige Kategorien oder Maßstäbe.

Unter Kategorien verstand Aristoteles logische Aussagen eines Ausdrucks in Bezug auf etwas Seiendes und die es erlauben, Prädikate und Sub-

7 Ludwig Wittgenstein, Logisch-philosophische Abhandlungen, Tractatus logico-Philosophius. Suhrkamp, Frankfurt a. M., 3-518-28939-4.

jekte logisch zu klassifizieren. Wir benötigen kategoriale Urteilsformen, um unsere Bestrebungen in ihren praktischen Bezügen unserer Lebenswelt objektiv einordnen zu können. Derartige materielle Bewertungskategorien sind:

Substanz	Die Eigenschaften des Bestehenden, des Stofflichen oder der Materie
Qualität	Die objektive oder subjektive Beschaffenheit oder Eigenschaften der Dinge sind zu erfragen durch Wie? und Was?
Quantität	Die Menge, Größe und Anzahl sind zu bestimmen mit Wieviel? Wie groß?
Relation	Das Verhältnis oder die Bezüge zweier oder mehrerer Dinge, Einheiten oder Gegebenheiten zueinander oder aufeinander
Ort	Die objektive Lokalisierung und Bestimmung einer Stelle, einer Ordnung, oder eines Raumes
Zeit	Die objektive Zeit aufgrund der Messung von Dauer und Zeiten und die subjektive Zeitempfindung von bewussten Erlebnisinhalten
Lage	Bestimmung der Bezüge und Parametern oder Situationen im Umfeld
Haben	Besitz oder Eigentum von Dingen, Objekten, Eigenschaften oder Verfügungen
Tun	Willentliche Aktivität koordinierter, gezielter Beabsichtigung und Werkschaft

Der Begriff physisch bezeichnet in unserem Sprachgebrauch das Körperliche. In den Naturwissenschaften verstehen wir Physik als die wissenschaftliche Disziplin der grundlegenden Naturgesetze, die – über die Flora und Fauna hinausgehend – Eigenschaften von Objekten und Ereignissen in ihren allgemeingültigen, quantitativen Modellen und Gesetzmäßigkeiten untersucht. Insbesondere untersucht die Physik Materie und Energie in ihren Wechselwirkungen in Raum und Zeit.

Veränderungen naturgesetzlich messbar !

Exponentialfunktion oder Normalverteilung

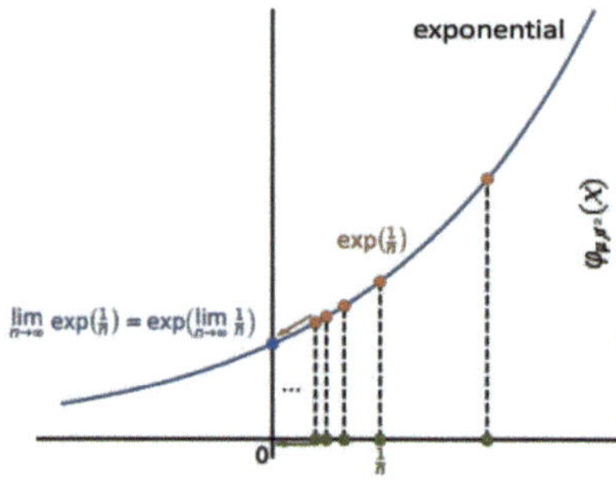

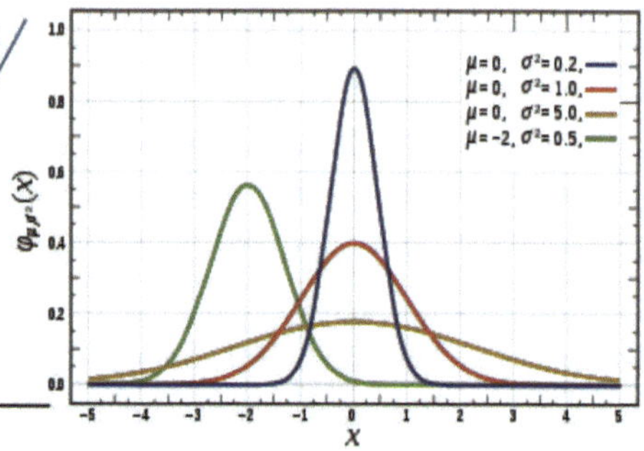

In den Wissenschaften untersuchen wir die Folgen und Gesetzmäßigkeiten unserer Bestrebungen, die der Formung unserer Weltbilder und unserer Lebensgestaltungen dienen. Fließende Veränderungen lassen sich zumeist als Exponential- oder Normalverteilung nachweisen. Ereignisse zeigen kurzfristig einen exponentiellen Verlauf. Normalverteilungen weisen eine stetige Wahrscheinlichkeit von Ereignissen auf. Sie verläuft mit einer progressiven Steigung bis hin zum Wendepunkt und dann unter einer regressiven Abnahme bis zum Höhepunkt oder in umgekehrter Richtung bis zum Nullpunkt.

15 Der Erfolg in einer Gemeinschaft und Gesellschaft

Der Begriff *Soziologie* umfasst die Wissenschaft und Lehren von der menschlichen Gemeinschaft und Gesellschaft. Untersucht werden deren Zusammenhänge in den Gesetzmäßigkeiten und Entwicklungen des Zusammenlebens. ROUSSEAU, VOLTAIRE, COMTE, SPENCER, DILTHEY, HEGEL, MARX, TREITSCHKE, OPPENHEIMER, WEBER, DURKHEIM, SCHELER u. a. entwickelten die Lehre von der menschlichen Gemeinschaft und der Existenz des Individuums in der Gesellschaft. Die Praxis des menschlichen Gesellschaftslebens verführt uns zum Denken und Handeln sowie auch zu Lebensgestaltungen der Ideologie und des Sozialismus als Doktrin, Wunschvorstellung, Animosität und Ideosynkrasie (Überempfindlichkeit).

Es stellt sich uns die Frage, inwieweit das Leben in der Gemeinschaft und Gesellschaft unsere Erfolgsbestrebungen zu begünstigen oder zu beeinflussen vermag. Ohne Zweifel unterliegt unser Leben in der Gemeinschaft und Gesellschaft soziokulturellen Leitideen, wie zum Beispiel: Regeln, Beschränkungen, Wertvorstellungen und Ideale, die unsere Erfolgsverwirklichungen befördern oder beschränken können. Diese Einflussnahme von sozialen Regelungen und persönlichen Vorlieben können einerseits auf einen Gegensatz von Individuum und Gemeinschaft hinauslaufen und uns einschränken, beispielsweise durch einen Gruppenzwang. Andererseits können die Gemeinschaft und die Gesellschaft durch Regeln unsere Erfolgsbestrebungen unterstützen und fördern.

Die bürgerliche Gesellschaft

Der Begriff „*bürgerliche Gesellschaft*" definiert – aus einem juristischen Denken heraus – natürliche Personen als freie Vertragspartner, welche die freie Marktwirtschaft durch Arbeiter, Mitarbeiter und der Führung befördern.

Emmanuel Kant (1724–1804) äußerte, die ungesellige Gesellschaft liegt in der menschlichen Anlage: *„Der Mensch will Eintracht, aber die Natur weiß besser, was für seine Gattung gut ist; sie will Zwietracht.“* Dies ist für Kant das größte Problem, das er mit dem Ausdruck *„bürgerliche Gesellschaft“* zusammenfasste: *„Der Mensch will Eintracht; aber die Natur weiß besser, was für seine Gattung gut ist; sie will Zwietracht.“* Die Produktion der Wirtschaft zeigt, dass der arbeitende Mensch immer – und nicht nur im kapitalistischen Produktionssystem – von sozialen Bedingungen bestimmt und gefangen wird. Der Begriff *„bürgerliche Gesellschaft“* ist keine Lehre des sozialen Lebens der Menschen, sondern beschreibt lediglich Prozesse, die sich auf Machtverteilung und Führung beziehen.

Die Politik der Führung der Gemeinschaft

Karl Marx (1818–1883) und Friedrich Engels (1820–1895) entwarfen mit Ihrer Kritik an der kapitalistischen und bürgerlichen Gesellschaft eine ökonomische Bewegung der Gesellschaft hin zu einer Sozialgesellschaft: *„Das Kapital, von Kopf bis Zeh aus allen Poren, blut- und schmutztriefend durch einen revolutionären Sprung aus dem Reiche der Notwendigkeit in das Reich der Freiheit zu überwinden suchend, um die freie Assoziation der Arbeitenden zu schaffen.“*

Das demokratische Ideal der politischen Führung der Gesellschaft besteht darin, dass die Regierenden den „Willen des Volkes“ als Grundlage politischen Handelns respektieren. Die gemeinschaftliche Führungsfunktion funktioniert innerhalb des gesellschaftlichen Bezugssystems aufgrund von Beobachtung und Steuerung des Zusammenseins und Zusammenlebens in gegenseitiger Verbundenheit und gemeinsamen Anschauungen der Gemeinschaft.

Die Freiheit des Individuums

Friedrich Wilhelm Joseph Schelling (1775–1854) verstand die Freiheit des Individuums als ein Nebeneinander des Realen mit dem Idealen, wobei das Ideale überwiegt und offenbar wird. Freiheit bezeichnet die Fähigkeit des

Menschen, aus eigenem Willen Entscheidungen zu treffen und Möglichkeit und ohne Zwang zwischen verschiedenen Möglichkeiten auswählen zu können. Freiheit des Individuums bedeutet auch, über sich selbst zu bestimmen. Dazu gehören Meinungsfreiheit, Willensfreiheit, Entscheidungsfreiheit, Handlungsfreiheit, Bewegungsfreiheit, Bildungsfreiheit, Religionsfreiheit, Pressefreiheit, Vertragsfreiheit. Diese Freiheitsrechte sind in Verfassungen und auch im deutschen Grundgesetz verankert. Es sind Grundfreiheiten, die uns nach deutschem Recht zustehen. Dies bedeutet aber nicht, dass wir alle gleich frei sind. Frei ist nur derjenige, der die Freiheit zu nutzen weiß. Man kann zwischen negativer und positiver Freiheit unterscheiden. Und es ist zu unterscheiden zwischen äußerer und innerer Handlungsfreiheit und zwischen den theoretischen Freiheiten gegenüber Zwängen und den faktischen Freiheiten des aktiven Handelns.

> *Freiheit bedeutet auch „Nein“ zu Zwängen und „Ja“ zu Möglichkeiten zu sagen!*

Die Gruppe der gemeinsamen Gesinnungen

Das Sozialverhalten der Menschen wird besonders deutlich in einer Gruppenbildung. Im sozialen Umgang untereinander zeigen sich Gemeinsamkeiten. Soziale Gruppen entwickeln sich in einer Dynamik des erfolgreichen Zusammenwirkens und Zielstrebens der einzelnen Individuen. Diese weisen durchaus unterschiedliche Eigenschaften, Verhaltensweisen und Fähigkeiten auf, aber als Gruppe folgen sie gemeinsamen Zielen und Ansichten. Dabei sind folgende gruppendynamische Merkmale zu beobachten:

- Nach Charles Darwin (1809–1882) – dem Evolutionswissenschaftler – vermag eine Menschengruppe erfolgreicher mit Gefahrenanforderungen und mit Kooperationen umzugehen als das einzelne Individuum. Die Gruppenbildung erhöht die Überlebens- und Erfolgschancen des Individuums. Die Fähigkeit des Menschen, stabile, positive und feste Beziehungen in der Gruppe zu knüpfen, erfüllt ihm ein Bedürfnis nach Zugehörigkeit und gilt als ein Beleg für eine evolutionäre Entwicklung der Menschheit.

- Mit dem Bedürfnis des Menschen nach Zugehörigkeit zu einer Gruppe sucht und findet das Individuum möglicherweise kognitive und erfolgreiche Ansätze des Verständnisses und der Sichtweisen. Innerhalb und mit einer Gruppe von Gleichgesinnten mag es dem Menschen gelingen, gemeinsame Überzeugungen der physischen und sozialen Realität zu teilen, sowie neue Ideen und Vorstellungen zu gewinnen, zu entwickeln und zu vermitteln. Die Gruppendynamik einer Gemeinschaft stellt und ordnet das Individuum in eine soziale Identität ein, die untereinander gemeinsamen Ansichten, Vorstellungen, Ideen, Bedürfnissen, Anschauungen, Überzeugungen und Vorgehensweisen die Gemeinschaft teilen. Der Erfolg des Individuums ordnet sich in Gemeinschaft ein.
- Der Einordnung des Individuums in eine Gruppendynamik bietet eine Identifikationsgrundlage, die dem Individuum einerseits eine Entscheidungssicherheit öffnet und ihm andererseits eine Sinnstiftung seiner Erfolgsbestrebung vorgibt. Das Individuum kann durch die Gruppenmitgliedschaft Vorteile erlangen, wie zum Beispiel materielle Güter oder Ideen, die getauscht, angeboten oder gekauft werden oder immaterielle „Güter", wie Liebe, Freundschaft, Geborgenheit, persönliche Unterstützung, die gesucht und erwünscht sind.

Erfolgsverwirklichungen im Rahmen der Gemeinschaft oder Gesellschaft

Die Sozialisation in einer Gruppe, einem Verein, einer Partei oder einem Innovationsteam kann in einem Prozess den Weg des Erfolges innerhalb einer Gemeinschaft oder einer Gesellschaft beschreiten. Die Öffentlichkeit, die Politik und Behörden, öffentliche Interessengruppen und die Presse bieten Rahmenbedingungen oder Voraussetzungen für soziale oder geschäftliche Veränderungen oder Fortschritte, die neue Erfolgsideen realisieren. Protagonisten suchen und bieten neue Visionen oder Ideen, deren Verwirklichung der Gemeinschaft oder Gesellschaft dienen.

Einerseits werden externe Innovatoren und Macher gesucht, welche die Fähigkeiten haben, neue Idee und neue Erfolge zu verwirklichen. Und andererseits suchen Individuen ihre Erfolgsideen im Rahmen von Gemeinschafts- oder Gesellschaftsorganisation zu realisieren. Der Fortschritt erzwingt eine Verständigung über neue und erfolgreiche Ideen, sowie eine Offenheit gegenüber dem Neuen und Besseren.

Im Rahmen von Gruppennormen und gesellschaftlichen Usancen entstehen Überzeugungssysteme und Festlegungen, die normatives Verhalten und Leitlinien setzen. Ein externer Innovator oder Erneuerer muss seine Erfolgsbestrebung gegenüber der Gemeinschaft oder der Gesellschaft mit Rücksicht auf deren gegebenen Rahmenbedingungen bedenken und gegebenenfalls anpassen. Je stärker gesetzte Normen gute und neue Ideen behindern oder verhindern, desto schwerer ist es, Innovationen oder neue Wege der Erfolgsgestaltung durchzusetzen. Verstößt eine gute – aber neue – Idee gegen die Gemeinschaft- oder Gesellschaftsnormen, dann wird diese wahrscheinlich Sanktionen oder Ablehnung erfahren. Ein externer Neuerer oder Innovator hat es nicht leicht, festgesetzte Strukturen aufzubrechen. Um eine neue Erfolgsidee in der Gemeinschaft und Gesellschaft zu realisieren, muss man Erfolgsverwirklichungen vorweisen, nachweisen und überzeugend darlegen.

Der Erfolg von Ideen zur Förderung und Verbesserung in der Gemeinschaft und Gesellschaft gelingt nur, wenn dieses Neue, Vorteile für Anbieter und Auftraggeber bieten. Utopische Versprechungen und Entwürfe des Neuen oder dienen der Propaganda, aber ihrer Realisierung ist zumeist äußerst zweifelhaft.

Ein Leben ohne eine erfüllte Gemeinschaft und Gesellschaft ist freudlos und vereinsamt den Erfolgsstrebenden!

16 Streben nach dem erwünschten Leben

Jeder Mensch strebt nach Zufriedenheit und seinem Glücklichsein. Die wesentlichen Lebensweisheiten einer erfüllten, gelungenen Lebensführung kleideten bereits die griechischen Philosophen DEMOKRITOS (460 v. Chr–370 v. hr.), EPIKUR (371 v. Chr.–271 v. Chr.) sowie ARISTOTELES (384 v. Chr.–322 v. Chr.) in den philosophischen Ausdruck *Eudämonismus*, die Lebensregeln für gelingendes und tugendhaftes Handeln und Streben. *„Was für mich als Menschen gut ist, ist auch für andere Menschen gut!“* (ARISTOTELES). Dies lässt sich in nachstehende Lebensregeln zusammenfassen:

Glücklichsein und Erfolg müssen aktiv erstrebt oder hergestellt werden!

Das menschliche Bewusstsein dürstet nach Beschäftigung. Wenn man unterfordert und unbelastet lebt, langweilt man sich und gerät leichter in eine Depression oder man unterliegt Illusionen. Unser Gehirn lechzt nach Dopamin. Einen erstrebenswerten Erfolg selbst zu meistern oder zu erreichen erfüllt uns mit tiefer Befriedigung und dem inneren Selbstwertgefühl der Zufriedenheit.

Man suche soziales Leben und die Zugehörigkeit zu einer Gemeinschaft!

Im Gemeinwesen, der *Polis* und der *Ethnie*, können wir uns durch gemeinschaftliches Erleben und gemeinschaftliches Arbeiten dazugehörig fühlen. Wir sind nicht alleingelassen und tragen Erfolgsbestrebungen und Aufgaben gemeinsam. Eine Fürsorge bettet uns ein in eine Gemeinschaft mit Gleichgesinnten, Nahestehenden oder Freunden.

Erwartungen und Anforderungen mit Bedacht bewerten!

Vorhaben und Aufgaben sind konzentriert zu planen und durchzuführen. Jegliche Über- oder Unterforderung erhöht das Risiko, keinen Erfolg zu haben. Es gilt, Risiken und Faktoren eines Misserfolgs mit den Chancen eines Erfolges abzuwägen und diese dann objektiv in ihren Einflusswirkungen zu bewerten.

Ein Leben im Hier und Jetzt heißt, den Tatsachen ins Auge zu sehen!

Wenn man sprichwörtlich mit beiden Beinen auf der Erde steht, besitzt man einen Standpunkt für zielgerichtete Sichtweisen und eine realistische Erfolgserwartung. Ein sinnloses Fortschreiten und Streben führt nicht zum Ziel und ist zu vermeiden. Augenmaß für die Tatsachen geben uns Richtmaße für gelingende Bestrebungen.

Gute, positive Gedanken und lustvolle Gefühle fördern unsere Bestrebungen!

Alles ist gut und der Mensch ist gut – so lautet die positive Weltsicht eines nach Erfolg strebenden Menschen. Die Wunschziele für eine erfolgreiche Lebensgestaltung und zufriedene Befindlichkeit sind: Glücklich-sein, Zufriedenheit, Ausgeglichenheit, Eintracht, Genugtuung, Harmonie, Freude, Wohlbefinden und Wohlbehagen.

> *Erstmals in der Geistesgeschichte stellten die Philosophen der Hellenen das Bestreben der Lebensgestaltungen durch den Menschen in das Zentrum der Weltbilder und Weltethik!*

In unserer modernen Neuzeit gelten – in Folge der Kant'schen Aufklärung und aufgrund des Fortschritts der Wissenschaftsdisziplinen – allein die Vernunft- und Verstandeserkenntnisse als Maßstäbe der Bestrebungen für erfolgsführende Lebensgestaltungen des Menschen. Wissenschaftliche und rationale Weltbilder und Weltgestaltungen verdrängten weitgehend die althergebrachten Erfahrungen der Vormoderne, der Magie und der Glaubensweisheiten.

Beispielsweise vertraute man früher *Badern* oder gar *Quacksalbern*, deren Medizin in Besprechung und Aderlass bestand, und der Heilkraft von Kräutern und Anwendungen, von denen man keine wissenschaftlichen Erkenntnisse, sondern allenfalls subjektive Erfahrungen, besaß. Heutzutage vertraut man einer High-Tech-, Apparate-, Verschreibungs-, Versorgungs- und Vorsorge-Medizin und der Pharmazie, die auf wissenschaftlichen Erkenntnissen beruht. Die heutigen modernen Gesundheitssysteme in den westlichen Industrieländern objektivieren Krankheiten und Patientenbefindlichkeiten mit ihren rechtlichen, berufsständigen, systematisch-fachbezogenen Ordnungs- und Vorgehensweisen. Die Verwissenschaftlichung der Medizin könnte leicht dazu führen, nicht den Menschen im Vordergrund des Helfens und Heilens zu sehen, sondern vielmehr einen unpersönlichen Gesundheitsfall.

Eine weitere große Einflusssphäre der Welt-, Zukunfts- und Lebensgestaltungen erfahren wir durch die Entwicklungen und Innovationen neuer Technologien. Der wissenschaftliche Fortschritt führte zu neuen Lebensverhältnissen und neuen Weltbildern, die unvergleichlich zu unseren althergebrachten Erfahrungen und Kenntnissen stehen. Man kann durchaus feststellen, dass der moderne Mensch sich von seiner natürlichen und naturnahen Lebensweise weitgehend entfernt hat und nicht mehr ohne die neuen Techniken leben könnte. Wie wäre heutzutage ein Leben ohne Telekommunikation, *Google*, *Amazon*, oder Auto? Wissenschaft und moderne Technik unserer Zeit bringen es mit sich, dass sich für unsere Bestrebung nach einer wünschenswerten Lebenswelt sich ein erweiterter Erkenntnishorizont öffnet.

Anderseits können wir uns, trotz aller auf uns eindringenden Weltbilder der Internationalisierung und Horizonterweiterung, in unserer eigenen Wunschweltnische wohlfühlen und diese genießen. Diese Selbstbestimmung des eigenen erstrebten Wohlfühlens und Genusses kann uns zwar zu Außenseitern in der Gesellschaft abstempeln, aber dies ist ein Preis unserer Individualität.

Es gibt zwei Wege der Bestrebung zu einer wünschenswerten Lebenswelt. Einmal die Exzellenz der Gestaltungen einer wissenschaftlichen oder technischen Lebenswelt und andererseits die Bestrebung nach Bewahrung von wünschenswerten und lebenswerten Erfahrungen. *Mainstream*, die Lebensweise nach dem Massengeschmack und einer Massenkultur, steht gegen eine individuelle Weltsicht. Die Gestaltung eines gelingenden Lebensweges sollte durch das Instrumentarium unserer Vernunft und unseres Verstandes begangen werden. Den Bauplan zum Erfolg einer wünschenswerten Lebenswelt können wir nach unserer subjektiven Bestrebung oder durch unser Verstandesvermögen verfolgen.

Das Streben nach einer wünschenswerten Lebenswelt erweitert unseren Lebenshorizont, ausgehend von einer individuellen oder persönlichen Sicht von uns selbst hin zu einer sich auf eine möglichen und wünschenswerte Weltsicht!

René Descartes (1596–1650), Mathematiker, Gelehrter und Philosoph, entwickelte in seinem Werk ‚Abhandlung über die Methode'[8] das begründete Fundament des *Homo Sapiens*. Seine Lehre besteht in einem schrittweisen Vorgehen zur wahren Erkenntnis durch In-Frage-stellen:

Voraussetzungslosigkeit	Gedanken vom Grund und Ursprung her entwickeln!
Suchen	Der Zweifel und das Probieren als Forschungsprinzip!
Grundlegung	Ausgehend von der Gewissheit Tatsachen festlegen oder bestimmen!
Fortschreiten	In kritischer Beobachtung des eigenen Denkens Folgerungen ziehen!
Prüfung	Kriterien der Wahrheit definieren, objektiv messen und anwenden!
Systematik	Systematische und logische Ableitung aus dem gewiss Tatsächlichen!

Solange unser Wissen von nicht festen Tatsachen ausgeht, sollte man in der Wahrheitssuche vor allem an den gegebenen und materiellen Dingen zweifeln. Der Zweifel befreit uns von allen Vorurteilen und setzt unseren Verstand in die Lage, dass was wir als wahr erkennen, als zweifellos zu bestimmen. Alle wahren Aussagen bedürfen des Bestrebens nach einem Beweis, durch den irgendetwas zu folgern ist. Es sollte nichts als Wahrheit existieren, über deren Dasein nicht auch nur der geringste Zweifel besteht.

8 René Descertes: Betrachtungen über die Grundlagen der Philosophie. Nicol Verlagsgesellschaft Hamburg, 2016.

Körperliches oder Gegenständliches kann sehr leicht zugrunde gehen. Der Geist aber ist seiner Natur nach unsterblich. Alles, was klar und deutlich zu erkennen ist, gilt als wahr und zugleich folgt aus diesem Urteil, worin das Wesen des Irrtums und der Unwahrheit besteht. Man muss unterscheiden zwischen Verstand und Vorstellungsvermögen. Geist und Körper unterscheiden sich zwar voneinander, sind aber eng miteinander verbunden. Mittelbar oder unmittelbar erfahre ich die Wahrheit oder Unwahrheit über die Sinne. Ganz gewiss bin ich, auch wenn mich meine Sinne und mein Körper täuschen, während ich denke, was ich sei, so ist denn wahr, dass ich existiere. Ich bin mir hinreichend klar darüber, wer und was ich bin. Ist unsere Selbsterkenntnis immer wahr?

Ein Körper ist durch seine Gestalt begrenzt und örtlich im Raum beschreibbar. Ein Menschenkörper unterscheidet sich von anderen aufgrund seiner lebendigen, intellektuellen und physischen Merkmale und insbesondere in seinem ihm eigenen Selbstbewegungen sowie Empfindungen. Mein Empfinden und mein Denken können von mir nicht abgetrennt werden. DESCARTES sagte: Ich bin, ich existiere, das steht fest!

Menschen sind denkende und erkennende Wesen, die mittels ihres Geistes, Verstandes und ihrer Vernunft wirklich und wahrhaft ihr Leben gestalten. Ich bin etwas! Was bin ich? Was kenne ich von mir und worin bin ich mir fremd? Diese Suchfragen beziehen uns auf unsere Lebensgestaltungen. Zum Wesen des Menschen gehören Erkenntnisse, Zweifel, das Wollen, Empfindungen und Vorstellungen. Es sind Wesensmerkmale unseres gelungenen Lebens.

„Wahr und richtig ist alles, was ich ganz klar und deutlich einsehe!“

17 Alles fließt und Gegebenes verändert sich

Tradition und Lebenserfahrungen formen unser Verhalten, unsere Befindlichkeit und sie können gelegentlich unsere Bestrebung zum Erfolg geleiten. Wenn wir etwas beurteilen oder begehren stützen wir uns auf unsere positiven oder negativen Erinnerungen und tradieren sie auf unsere zukunftsgerichteten persönlichen Entscheidungen. Wir sehen und erkennen beispielsweise den Wandel in der Natur und dem Leben. Alles in der Natur entsteht, erwächst, gedeiht, erblüht und verwelkt, vergeht, verkommt und stirbt. Es ist kein Kreislauf, sondern ein Fließen. Wir Menschengeschöpfe sind diesem Naturgesetz unterworfen.

Natur heißt ursprünglich (im Altgriechischen) *Physik*. Der Begriff *physisch* bezeichnet in unserem Sprachgebrauch das *Körperliche*. In den Naturwissenschaften verstehen wir Physik als die wissenschaftliche Disziplin der grundlegenden Naturgesetze, die – über die Flora und Fauna hinausgehend – die Eigenschaften von Objekten und Ereignissen in ihren allgemeingültigen, quantitativen Modellen und Gesetzmäßigkeiten untersucht. Insbesondere untersucht die Physik Materie und Energie in ihren Wechselwirkungen in Raum und Zeit. Über die Physik hinausgehend – im Altgriechischen mit dem Begriff *Metaphysik* bezeichnet – erschließen wir auch das Fließende, respektive das Veränderliche der menschlichen Befindlichkeiten, Erkenntnisse und Verhaltensweisen. Deren Gesetzmäßigkeiten lassen sich zumeist in nachstehenden Exponential- oder Normalverteilungen darstellen. Physikalisch und auch metaphysisch beobachten oder messen wir Tatbestände und Veränderungen in Zeit und Raum.

Gesetzmäßigkeiten unserer Erfolgsbestrebungen und die Formung unserer Weltbilder und unserer Lebensgestaltungen folgen Gesetzmäßigkeiten. Fließende Veränderungen lassen sich als Exponential- oder Normalverteilung nachweisen und darstellen. Ereignisse verlaufen zeitlich exponentiell. Normalverteilte Verläufe zeigen eine stetige Wahrscheinlichkeit von Ereignissen mit einer progressiven Steigung bis zum Wendepunkt und dann eine regressive Abnahme bis zum Höhepunkt und in umgekehrter Richtung. Aufgrund dieser Gesetzmäßigkeiten können wir ein virtuelles Gebäude unseres Weltbildes oder unserer Weltgestaltung aufbauen. Es bedarf dazu vor allem unseres Willens zur Veränderung oder Verbesserung unseres bestehenden Weltbildes. Die Wirkungskräfte unserer Baubestrebungen können selbstbestimmt oder fremdbestimmt sein und entweder auf Erfolgsverwirklichung oder Misserfolgsvermeidung abzielen. Es besteht ein Zusammenhang von Entscheidungen, Handlungen, Erfahrungen und Einstellungen für den Bau eines neuen Weltbildes. Jede Weltsicht lebt von Visionen, Erfolgsversprechungen oder Potentialen. Neue Horizonte setzen notwendige Anpassungen und erfolgsversprechende Gegebenheiten voraus, die als allgemeine Erfolgskräfte und Felder des Erfolges positioniert sind.

> *Wir erleben individuelle, intellektuelle Revolutionen unseres So-seins und Da-seins aufgrund eines intentionalen Bewusstwerdens und erfolgsbewerteter Erkenntnisse!*

Der Psychologe Abraham Maslow (1908–1970) entwickelte ein Modell, um zu erklären, wie die menschliche Natur mit dem Erfahrungswissen des Menschen zu verstehen sei und welche Bedürfnisse und Motivationen den Menschen leiten. Dieses Modell stellt die Bedürfnisse des Menschen als Stufen einer Pyramide dar. Die unterste Stufe der Pyramide kennzeichnet die physiologischen Bedürfnisse des Menschen, die grundlegend für sein Überleben sind. Erst wenn diese physiologischen Bedürfnisse erfüllt sind, strebt der Mensch nach Sicherheit. Sind diese Sicherheitsbedürfnisse gewährleistet, will der Mensch seine sozialen Bedürfnisse befriedigen, um zu den nächsthöheren Stufen der Individual- und kognitiven Bedürfnisse, zu ästhetischen und ethischen Bedürfnissen und zur Selbstverwirklichung und Transzendenz zu gelangen. Nachstehende Abbildung[9] zeigt, dass unsere Bedürfnisse von Stufe zu Stufe aufsteigen bis hinauf zur Selbstverwirklichung und Transzendenz, dem

9 Anm.: Die ursprünglich 5-stufige Maslow-Pyramide haben wir erweitert um die Stufen: Kognitive Bedürfnisse, ästhetische und ethische Bedürfnisse, Selbstverwirklichung und Transzendenz.

Gipfel der Grenzüberschreitung von Erfahrung und Bewusstsein des Diesseits. Ist dieser Gipfel der Bedürfnisse erreicht, kann der Mensch die Stufen der Pyramide wieder absteigen.

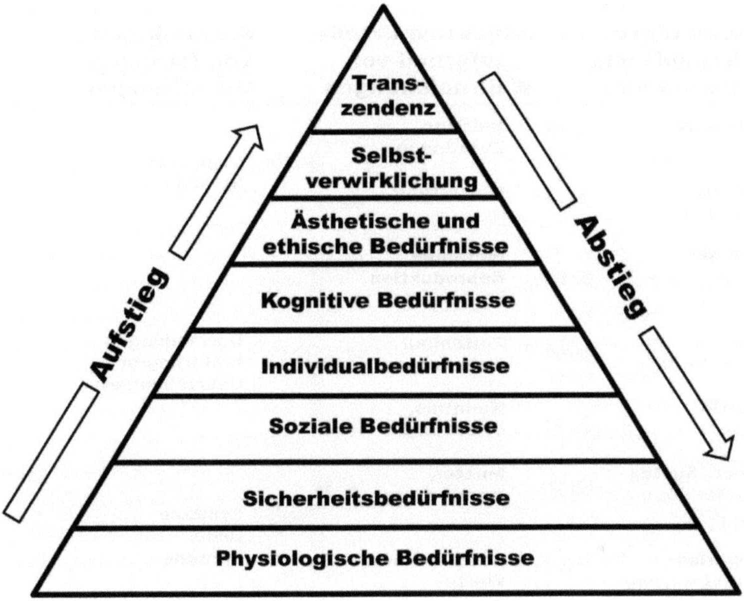

Das Pyramiden-Modell veranschaulicht den vorgegebenen, stufenweisen Aufstieg unserer Lebenserfahrungen und -erkenntnisse, dem auch vom Gipfel abwärts der Abstieg folgen kann. Aufstieg und Abstieg erfolgen nicht zwangsläufig, sie sind auch Ergebnis unserer Entscheidungen und Handlungen der Lebensgestaltungsabsichten. Um Bestrebungen unserer Wunschwelt und unsere Lebensgestaltungen zu verwirklichen, bedarf es unseres Erkenntnisvermögens. In der Philosophie bedeutet Erkenntnis wahres, richtiges und sicheres Wissen von Sachverhalten, die als Grundlage objektiver und rationaler Urteile dienen. Wir gewinnen Erkenntnisse mittels unserer Vernunft und unseres Verstandes.

Nachstehende Abbildung zeigt die möglichen Erkenntniswege eines rationalen Strebens für eine wünschenswerte Lebenswelt auf. Im Wesentlichen führt dieser Weg der wünschenswerten Lebensgestaltung von der Nutzung unserer Werkzeuge des Verstandes und der Vernunft über gangbare und dienliche Bestimmungen oder Bedeutungsurteile unserer Erfahrungswelt bis hin zu Ergebnissen, Schlüssen, Beschlüssen oder Kenntnissen. Nachstehende Abbildung zeigt den Verlauf der Erkenntniswege.

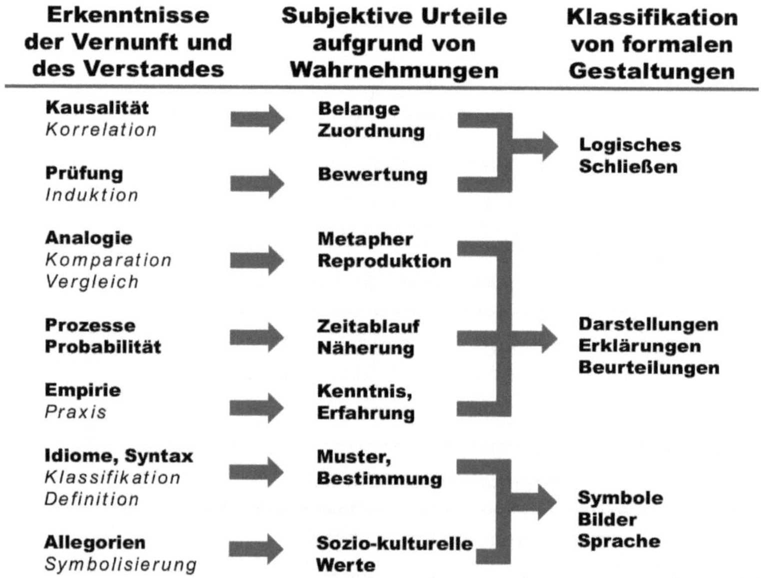

Um unsere Lebenswelt zu gestalten, zu verändern und verbessern zu können, greifen wir zuerst auf unsere eigenen individuellen Fähigkeiten und Erfahrungen zurück. Ein erkenntnistheoretischer Ansatz hingegen bezweckt einen objektivierten, wissenschaftlichen Blick und eine Wertung von Gegebenem und Möglichem. Je mehr es gelingt unsere Lebenswelt durch Technik, Innovationen und Wissenschaft zu gestalten und zu beurteilen, desto weiter erschließen sich uns neue und bisher unverstandene Weltbilder und Erfolgsverwirklichungen.

> *Wissenschaft und moderne Technik revolutionierten unsere Weltbilder und technischen Gestaltungen, sodass unsere heutige Lebenswelt der Moderne nicht mehr mit einer archaischen, ausschließlich naturabhängigen Lebensweise übereinstimmen!*

Das erkenntnistheoretische Gebäude

Erkenntnistheoretische Ansätze einer Bestimmung von Lebensgestaltungen erklären sich aus philosophischen und systemischen Erkenntnissen. KANT bezog seine Erkenntnistheorie auf das theoretische und praktische Erkenntnisvermögen des Menschen und den Prinzipien der Vernunft und Urteilskraft[10]. Die Urteilskraft geht von der Definition der reinen Vernunft des Menschen aus. Vernunft bezeichnet das durch Denken geleitete geistige Erkenntnisvermögen. Aus dieser individuellen Fähigkeit des Menschen erwächst ihm sein eigener, individueller und freier Wille, seine Lebenswelt zu gestalten. Dieser Gestaltungswille der Vernunft kann *a priori*, das heißt vor jeder Erfahrung, oder *a posteriori*, das heißt nach der gemachten Erfahrung, erfolgen.

- *A-priori*-Erkenntnisformen vermag der Mensch aufgrund seiner Fähigkeiten des Verstandes und der Urteilskraft einzusetzen. Wir sind imstande, vor jeder Erfahrung uns Mögliches, Wahrscheinliches, Richtiges und damit Wahres zu denken.
- *A-posteriori*-Vernunfterfahrungen ergeben sich aus den sinnlichen Wahrnehmungen, den Vorstellungen und Empfindungen in Raum und Zeit. Erinnerungen prägen auch die Vorstellung des Zukünftigen.

„Was will ich?", fragt der Verstand, „Worauf kommt es an?", fragt die Urteilskraft. „Was kommt heraus?", fragt die Vernunft!

Die Kategorien unserer Urteilsformen

Unter Kategorien verstand ARISTOTELES logische Aussagen des Ausdrucks in Bezug auf etwas Seiendes. Kategorien erlauben es, Prädikate und Subjekte logisch zu klassifizieren. Wir benötigen kategoriale Urteilsformen, um unse-

10 IMMANUEL KANT: Kritik der reinen Vernunft. Reclam, Stuttgart, S. 23 und S. 382ff. und Anthropologie in pragmatischer Hinsicht. Reclam Stuttgart, S. 128.

re Bestrebungen in ihren praktischen Bezügen zur Lebenswelt einordnen zu können. Derartige Kategorien sind beispielsweise:

Substanz Die Eigenschaften des Bestehenden, des Stofflichen oder der Materie

Qualität Die objektive oder subjektive Beschaffenheit oder Eigenschaften der Dinge sind zu erfragen durch Wie? und Was?

Quantität Menge, Größe, Anzahl des „Wieviel?" und des „Wie groß?" sind zu bestimmen

Relation Verhältnisse oder Bezüge zweier oder mehrerer Dinge, Einheiten oder Gegebenheiten sind zueinander oder aufeinander zu beziehen

Ort Die objektive Lokalisierung und Bestimmung der Stelle, eines Platzes oder eines Raumes

Zeit Die objektive Zeit durch Messung von Dauer und Intervallen sowie die subjektive Zeitempfindung von bewussten Erlebnisinhalten

Lage Bestimmung der Bezüge von Parametern oder Situationen im Umfeld

Haben Besitz oder Eigentum von Dingen, Objekten, Eigenschaften oder Verfügungen

Tun Willentliche oder sittliche Aktivität koordinierter, gezielter Beabsichtigungen

Leiden Befindlichkeit und Schmerz aufgrund von Nöten, Krankheiten, Ungemach, Schicksal oder Verlust

Kant klassifizierte dic Vernunft in ihren Formen als menschliche Urteilskraft nach objektiven Kategorien von Ordnungssystemen, wie nachstehend dargestellt:

	Quantität	Qualität	Relation	Modalität
Urteilsformen	Allgemeine Besondere Einzelne	Bejahend Verneinend Unendliche	Unbedingte Bedingte Ausschließende	Vermutete Behauptete Notwendige
Kategorien	Einheit Vielheit Allheit	Realität Negation Begrenzung	Substanz Akzidens Ursache Wirkung Wechsel- wirkung	Möglichkeit Unmöglichkeit Dasein Nichtsein Notwendigkeit Zufälligkeit

Herz oder Vernunft des Bewussten

Das Unbewusste basiert auf unserem vegetativen Nervensystem, auf dessen Funktion wir zumeist willentlich keinen Einfluss haben. Unbewusstes Verhalten und Erkennen wird von Reflexen und grundlegenden Lebensvorgängen wie Stoffwechsel, Atmung, Herzschlag, Hormonen gesteuert und bereits in der frühkindlichen Entwicklung geprägt. Das Unbewusste umfasst: Geschmacksvorlieben, die Muttersprache, Traumata, Bindungserfahrungen oder sexuelle Präferenzen. Das Unterbewusstsein, als bedeutungsvolle Energie unseres Erkenntnisvermögens, entstammt den tieferen Schichten unseres Gehirns, es automatisiert unsere Wahrnehmungen, Gefühle, Entscheidungen und Handlungen. Nahezu 85% unserer Entscheidungen und Handlungen leistet unser Gehirn, ohne dass es uns bewusst wird. Wir träumen, konsumieren oder treiben Sport aus unserer Erfahrung, die in unserem Unterbewusstsein verankert ist.

Das Bewusstsein ist der kleine Teil, welches unsere Wahrnehmungen, Gefühle, Vernunft und Verstandeserkenntnisse leiten (*etwa 15%, unserer Erkenntnisleistung*). Die Erkenntnisfähigkeiten unseres Bewusstseins beruhen auf dem System von Synapsen, den Kontaktstellen der Verknüpfung von Neuronen (Nervenbahnen), das unsere Aufmerksamkeit, Erregung und Informationen, teils durch elektrische Impulse, teils durch chemische Botenstoffe (Transmitter), steuert. Bei unserer Geburt hat eine Hirnzelle 2.500 Synapsen, im achten Monat sind es bereits über 15.000 und in den ersten Lebensjahren verbinden sich bereits 200 Billionen (2014) Synapsen. Diese Explosion der Erkenntnisstrukturen unseres Bewusstseins bildet die Grundlage unserer bewussten Entscheidungen und Handlungen.

Das Überbewusstsein – die Instanz unseres Über-Ichs – gibt uns Normen und Leitmaxime des Verhaltens und der Entscheidungen und Handlungen vor. Es übt Kontrollfunktion aus, indem es Bewertungsnormen setzt, denen sich unsere Persönlichkeit unterwirft. Dieses Überbewusst-sein beruht auf natürlichen, kulturellen oder moralischen Instanzen des Über-dem-Menschen-stehenden, deren Ursprung ein Götterglaube, eine kosmische Macht, ein Naturglauben, ein abstraktes Ideal oder eine absolute Autorität sein mag: *Das Fliesende!*

18 Die Erhabenheit der Kultur und Kunst

Kultur und Kunst erheben uns Menschen und die Gesellschaft in unserem Lebensdasein. Mittels der Kultur und der Kunst vollziehen wir den Ausdruck überbrachter Werte aus der Vergangenheit und zugleich zukünftige Visionen. Kultur und Kunst eröffnen uns Bedeutungen und Bestrebungen des Erfolges unserer Lebensgestaltung.

Kultur (*lat.: Cultura*) als existentielles Grundbedürfnis

Menschen und Gemeinschaften streben nach existenziellen Grundbedürfnissen wie Nahrung, Kleidung, Obdach, Schutz, Fürsorge und Zusammenhalt. Diese Leistungen bedingen Ertrag, Einkommen, Technik und Arbeit, um sinnvolle Lebensgestaltungen zu gewährleisten. Kultur lässt sich nicht in reine wirtschaftliche, soziale oder ästhetische Faktoren oder Geschmacksurteile definieren, sondern ist auf das Engste durch das Milieu, dem wir entstammen, geprägt. Kunst- oder Kulturgeschmack zeigen sich in unseren Präferenzen, wie wir uns Kleiden, uns Einrichten, welche Liebhabereien wir pflegen und welche moralischen, religiösen und politischen Ansichten wir haben. In unserem kulturellen Habitus verfestigen sich sowohl feine Unterschiede von Lebenseinstellungen als auch demonstrativer Egalitarismus eines Mainstreams. Wir wollen uns kulturell verorten und wir werden in unserer Kultur von anderen bewertet. Unserer Kultur haften geschichts- und sozialphilosophische Bedeutungen an, die unserem Leben eine Erhabenheit geben. Nachstehend ist die Entwicklung des Kulturbegriffs der Erhabenheit an Beispielen der Aussagen großer Philosophen aufgezeigt:

- Marcus Tullius Cicero (106–43 v. Chr.), römischer Rhetoriker, bezeichnete die Kultur als eine Pflege der Seele (cultura animi).

Während der Acker urban gemacht und dadurch kultiviert wird, um Früchte zu tragen, führt die Seele des Menschen zu einer Erhabenheit, die über die Natur hinausgeht.

- Immanuel Kant (1724–1804) erklärte den Begriff *Erhabenheit* als eine überwältigende Gemütsregung, in der Lust- und Unlustgefühle aufeinandertreffen und sich das Ich der Macht seiner Vernunft bewusst wird. Kant unterschied die Begriffe *Kultur* und *Zivilisation* wie folgt: Die Kultur erhebt den Menschen aus der Unmündigkeit zur erhabenen Idee der Moralität. Zivilisation hingegen zeigt sich in seiner Erhebung zur Bildung.
- Friedrich Schiller (1759–1805) formulierte in seiner Abhandlung „*Über das Erhabene*" das idealistische Weltbild der Erhabenheit als Macht des menschlichen Geistes, die es zu beherrschen gilt, statt sich von ihr beherrschen zu lassen. „*Der Mensch ist das Wesen, welches will. Eben deswegen ist des Menschen nichts so unwürdig, als Gewalt zu erleiden, denn Gewalt hebt ihn auf.*" „*Das Theoretisch-Erhabene widerspricht dem Vorstellungstrieb, das Praktisch-Erhabene dem Erhaltungstrieb*"[11]. In diesem Sinne ist das Erhabene als eine menschliche Kulturkraft zu verstehen, das sich der physischen Gewalt und der Unfreiheit erwehrt und stattdessen sich in seinen Anschauungen und Vorstellungen den sinnlichen Gestaltungen der Kultur und Kunst zuwendet. Unser Genie erschließt uns Erhabenes und damit die Gefühle des Schönen der Freiheit.

Erhabenheit der Kultur ist ein weites Feld, in dem auch Gegenstände, Vorgänge und Produkte aus einem kulturellen Zeitgeist entstehen. Die Leistungen und Anschauungen von Bildern, Werken und Taten des Erhabenen erheben unsere Lebenskraft zu Gedanken und Entwürfen, die uns Empfindungen des Macht- und Wertvollen verleihen. Betrachten wir im Folgenden dieses Kulturfeld unserer inneren kulturellen Kräfte und Leistungen unter dem Blickwinkel geschichtlicher, soziologischer und philosophischer Kulturverständnisse.

11 Friedrich Schiller: Vom Erhabenen, in: Schiller sämtliche Werke, Band V, Philosophische Schriften. Deutscher Bücherbund, Stuttgart, S. 169.

Das kulturelle, individuelle Selbstbild der Kultur

Der moderne Begriff *Kultur* umfasst das weite Spektrum von Lebensweisen und Weltbildern des Individuums und der Gesellschaft, die den Menschen in seinen Präferenzen und Anschauungen prägen und vereinnahmen. Es gibt z. B. unter anderem eine Esskultur, eine Sprachkultur, eine Lebenskultur. Folgen wir in den Abschnitten der allgemeingültigen und gesellschaftlichen Wirkkräfte von Lebensgestaltungen durch Kultur und von Kulturen!

Jeder Mensch ist versucht, sich als einzigartig auf der Welt zu sehen. Man will sich unterscheiden von anderen Mitmenschen und von den Fesseln einer Gemeinschaft lösen, indem man seine individuelle Kultur darstellt, sich zu eigen macht und diese provoziert. Das Ego-Ideal des Menschen strebt danach, als einzigartiges Individuum gesehen und beurteilt zu werden, dadurch Ansehen oder Anerkennung von anderen zu gewinnen. Ein Signum unseres modernen individualistischen Zeitgeistes liegt in der Kulturalisierung der Lebensformen. Wir streben nach einer qualitativen Einzigartigkeit und suchen nach Wunschbildern unserer Selbstentfaltung und Erfolg.

In Bereichen des gemeinschaftlichen Miteinanders strebt der Mensch nach seiner identischen Kultur. Eine homogene Gesellschaft lebt ein gemeinsames Verständnis kultureller Lebensgestaltungen, die das Individuum prägen und leiten. Entscheidend für das soziale Erbe ist die normative Wirkung von kulturellen Inhalten in einer Gemeinschaft. Werte des Ideals werden durch tatsächliches, geformtes und genormtes Verhalten manifestiert. Kultur ist als Mittel zum Überwinden von Problemen, dem Lernen und dem Erfahren von Erhabenem und der Gestaltung von Lebensweisen. Eine Kultur vereinnahmt eine strukturelle, lebensgestaltende Bedeutung des Menschen und seiner Werke. Damit leistet und erschafft Kultur Artefakte, Werte, Ideen und Symbole.[12] Aus der Differenzierung von Lebensweisen in regionalen, ethischen, arbeitsweltlichen und sprachlichen Gemeinschaften entstehen Subkulturen sozialer Schichtungen. Diese Subkulturen können sich zu Parallelgesellschaften mit eigenen Normen und eigenen Weltbildern ausbilden. Subkulturen bilden in

12 Vgl.: L. A. Kroeber: The Nature of Culture, Chicago 1962 und C. Klockhohn: Culture – A Crititcal Review of Concepts and Definitions, Cambridge Mass. 1952.

der Regel geschlossene Gesellschaften oder Gruppen, die im Konflikt zum Mainstream spürbar werden können.

Beispiel: Kommunikationen und Informationen wurden seit der Blütezeit der Aufklärung durch Handgeschriebenes festgehalten, dann, mit der Erfindung des Buchducks, vervielfältigt und verbreitet. Es entwickelte und verbreitete sich eine intellektuelle Kultur der Literatur, der Zeitungen, Lyrik, Dichtung und Poesie. Mit der technischen Revolution der Schreibmaschine entstand eine Tippen-Schreibkultur, welche die Dissemination des Schriftlichen erleichterte und rationalisierte. Die Tipp-Kultur reproduzierte die Informationen und Kommunikationen auf das Papier. Der Schreibkultur folgten die Radio-Hörkultur, das Handy, das Laptop und der Computer. Die Schreib-Kulturen sind nun herausgefordert von den digitalisierten Kommunikationen und Informationen des Sprechens mittels Tele-Informationen und Computertechnologie. Es wird vorausgesagt, dass in Zukunft die Kultur der analogen Information und Kommunikation weitgehend substituiert wird durch digitale Informationstechnik.

Das Erbe von Lebensgestaltungen

Immaterielles Kulturleben kann geprägt sein von normativen Mythen, Legenden, religiösen Überzeugungen oder Ideologien. Diese starken Kulturkräfte tendierten dazu, sich zu Massenbewegungen und zu einer Kulturhoheit auszuweiten. In Folge der Ausbreitung einer bestimmten immateriellen Kultur geraten andere bestehende oder neue Kulturen in ihrem Gültigkeitsanspruch in Bedrängnis oder es entzündet sich ein Kulturkampf. Kulturkämpfe streben danach, ihren jeweiligen Geltungs- und Machtanspruch in rationalen und/oder irrationalen Abwehr- oder Überzeugungskämpfen durchzusetzen. Die Hoheit einer bestimmten Kultur zu gewinnen oder zu besitzen, schließt oftmals Toleranz aus und deswegen können Kulturkämpfe eine Ursache von ideologischen Kriegen sein. In der Geschichte der Menschheit erwiesen sich ideologische Kulturkämpfe oft als Ausgangsgrund für grausame Vernichtungskriege.

Beispiel: Der Religionskrieg von 1562–1598 war eine dunkle Zeit Frankreichs. Insbesondere in Nantes gelang es einer Minderheit, Luthers protestantisches Weltbild gegenüber dem Einfluss der vorherrschenden katholischen

Mehrheit durchzusetzen. Es begann 1562 mit dem Blutbad von *Wassy.* Die Kriegszeit endete 1598 mit dem Edikt von *Nantes*. Den Religionskrieg führten Söldner, Fanatiker, Märtyrer, Räuber. Die soziale Oberschicht, die protestantischen Hugenotten, immigrierten nach Deutschland, insbesondere nach Frankfurt, Erlangen, Karlshafen, Hamburg, Brandenburg und bis nach Ostpreußen. Sie wurden eine gesellschaftliche Oberschicht aufgrund ihres Fleißes und Könnens in Handwerk und Handel. *Hugenotte* ist die Koseform des germanischen Rufnamens *Hugo* (*Hugu* bedeutet *Gedanke, Verstand, Geist, Sinn*). Man findet heute noch unter den hugenottischen Nachfahren berühmte Namen, beispielsweise: *Fontane, Euler, Lafontaine, De Maizière, Sarazin, Godefroit* oder *Dumont.* Die Hugenotten bereicherten in starkem Maße unsere deutsche Kultur.

Der Anspruch von materiellen Kultursystemen

Jede gegenwärtige Kultur weist Lebenseinstellungen auf, die sich in interessanter und selbständiger Weise weiterentwickeln und verbreiten. Dies trifft insbesondere auf materielle Kultursysteme zu. Kulturelle Werte aus vergangenen Zeiten hinterlassen Spuren, die sich in materiellen Gütern verdinglichen und damit als Kulturobjekt hohe materielle Geltung vermitteln. Als materieller Wert gewinnen Kulturgegenstände eine Anziehungskraft und dadurch den Anreiz des Besitzes und des Eigentums. Hinter dem Sprichwort *„Geld regiert die Welt"* versteckte sich die Bestrebung einer aristokratischen Kultur nach Besitz und Eigentum. Materielle Objekte und Produkte geben Zeugnis einer Kultur und dies kann uns bereichern.

Beispielsweise lässt sich eine materielle Kultur in heutiger Zeit in folgenden Lebensentwicklungen erkennen: Früher konnten sich viele Kunstmaler mit ihrer Kunst kaum ernähren, heute werden deren Werke für Millionen Dollar auf Auktionen ersteigert. Viele berühmte Wissenschaftler haben großartige Innovationen angestoßen und das damalige Weltbild verändert. Ihre Namen sind heute fast vergessen, aber eingegangen in Firmen- oder Konzernnamen. Viele handgefertigte Produkte waren früher rar und teuer, heute sind diese nutzlos und obsolet aufgrund technischer Innovationen in der industriellen Herstellung und Fertigung.

Künste sind Kulturprodukte des Menschen

„Kunst kommt von Können“, so sagt es die alte Volkswahrheit. Eine Auseinandersetzung und eine Erfahrung mit einer Kunst entspringen einer Betrachtung oder Aufmerksamkeit, die Prozesse des Verstehens voraussetzt. Kunstwerke unterscheiden sich in ihren zeitlichen Strukturen. Diese Auseinandersetzung mit der Kunst oder einem Kunstwerk vermittelt eine Werkästhetik oder rezipiert ästhetische Erfahrungen. Den Ursprung eines Kunstwerkes sieht Martin Heidegger (1889–1976) mit Bildern des Zusammenhangs von Arbeitsschritten, Brauchbarkeit, Gültigkeit und Selbstverständigung der Wertung. Die ästhetischen Erfahrungen der Kunst konstituieren sich dem Künstler oder dem Betrachter mittels der Selbstverständigung des Kunstwerkes oder des Kunstgegenstandes. Die Gegenständlichkeit von ästhetischen Erfahrungen der Kunst setzt sie grundsätzlich einer Fragwürdigkeit aus. *Sie ist von Wert für wen?*

Gotthold Ephraim Lessing (1729–1781) unterschied Raumkünste, wie Architektur, Plastik und Malerei, und Zeitkünste wie Literatur und Musik, in ihren Zusammenhängen von geistigen, sinnlichen Inhalten und Formungen. Kunstwerke bieten somit eine ästhetische Selbstverständigung, die ihren Erfolg in unserer Erkenntnisfähigkeit herausfordert. Immanuel Kant sieht den Erfolg von Kunst in dem Zusammenspiel der Erkenntniskräfte dort, wo sinnliche Empfänglichkeit und Mannigfaltigkeit zum geistigen Bestimmten und umgekehrt wirken. Geistige Bestimmtheit kann sich nur über sinnliche Einzelheiten formen. Dies drückt sich auch in Zeichen und Worten aus, die uns eine sinnlich-materielle Realisierung eröffnen und zugleich sinnlich zugängliches Material darstellen und damit eine geistig-ideelle Seite im Zusammensiel verbindet. Gelingt dies, so sprechen wir von einem künstlerischen Erfolg.

Kunst erfahren wir als einen Wert der Formen von Selbstverständigungen. Diese Selbstverständigung charakterisiert sich aus der Auseinandersetzung und der Verständigung mit den Kunstwerken über die Welt und uns selbst. Ein künstlerischer Erfolg begreift man als Darstellung oder Erfahrung einer ästhetischen oder künstlerischen Verständigungsleistung. Kunst öffnet uns eine Welt der Erfahrungen und wir verstehen Kunst als Zeichen bestimmter Inhalte oder als Formen unseres Erfahrens. Begreift man eine Kunst als Darstellung eines künstlerischen Ausdrucks oder Werkes, können wir sie als ein Erfolgswerk verstehen.

Das in Frage stellen und die Selbsterfahrung der Objekte und Darstellungen der Künste können in uns sinnlich-materielle Gefühle von Formen und Strukturen als Erfolgswerke entzünden. Kunst wird so als spannungsreiches Geschehen und Innehalten erlebt. Das Verstehen und die Erfahrung von Kunstwerken tragen folgende Erfolgsideen:

- Kunstwerke sind Erfolgszeichen, die eine eigene Sprachlichkeit zum Ausdruck bringen!
- Das Material von Kunstwerken befördert ein ästhetisches Verstehen ihres Erfolgswertes!
- Kunstwerke vermögen uns ein Lebensgefühl oder Empfindung des Schönen zu eröffnen!
- Kunstwerke können in uns zu Erlebnissen des Erhabenen inspirieren!

Jeder Mensch möchte – seinem Wesen und seiner natürlichen Veranlagung nach – etwas in seiner ureigensten Welt darstellen. Die Geltung, die er mit seiner Haltung und dem Streben nach Erfolg ausdrückt und zu erringen versucht, zeigt sich in dem Ansehen und der Anerkennung, die ihm durch andere entgegengebracht wird. Kunst und Kultur können einen wesentlichen Beitrag und Raum seiner Persönlichkeit einnehmen.

Moden des modernen Zeitgeistes

Mode ist Illusion einer besseren Lebenswelt und eine Vorgabe für einen gemeinsamen Geschmack oder für den Gebrauch von aktueller, zeitgeistlicher Lebensgestaltung. Man folgt einem modischen Trend, um sich dadurch auszuzeichnen, aufzufallen oder seine Geltung zu demonstrieren. Man will „in" sein und ist bestrebt, Vorbilder nachzuahmen. Früher waren in der Regel Aristokraten Vorbilder der Mode, heutzutage ist es die US-amerikanische Kultur und die Anglizismen der englischen Sprache und deren mediale Dominanz, welche die Mode setzen. Aber Moden sind vergänglich. Modisches ist laut, grell, schrill, schräg, übertrieben oder provozierend. Ihr Aufmerksamkeit erheischendes Versprechen wird selten eingelöst.

Den größten Einfluss auf unsere Kultur üben heutzutage die Medien aus. Sie verbreiten Botschaften, Neuigkeiten und Werbung über Kulturgeistiges, Kulturereignisse und kulturelle Sensationen, denen wir uns nicht entziehen können. Sie prägen unsere Weltbilder und bombardieren uns mit sogenannten *News*. Man kann sagen, dass wir einem Zeitgeist der Kulturmanipulation und Kulturanimation ausgesetzt sind. Wir können uns den Moden einer medialen Propaganda kaum entziehen. Modische Objekte oder heiße Neuigkeiten können einen kulturellen Status von Ikonen oder Devotionalien einnehmen. Moden sind kurzfristige Anreize des Zeitgeistes, Dinge zu tun, zu tragen oder zu konsumieren. Jede Mode setzt neue Verhaltens-, Denk- und Gestaltungsmuster unter folgenden Bedeutungsaspekten:

- Mode verführt unsere Aufmerksamkeit zum Neuen!
- Mode setzt übliche Standards für Sitte, Gebrauch und Gewohnheit!
- Mode drückt vorherrschende oder bevorzugte Geschmacksüberzeugungen aus!
- Mode signalisiert einen gesellschaftlichen Kontext mit dem wandelnden Zeitgeist!
- Moden kommen und vergehen wie zeitgeschichtliche Wellen!
- Moden befeuern den Konsum und einen kommerziellen ökonomischen Mehrwert!

Kultur zu besitzen und kulturell seine Lebenswelt zu gestalten, erhöht den Menschen aus seinem Alleinsein zu einer Attraktivität seines Erfahrungs- und Eigentumsschatzes!

19 Erkenntniskategoriale Vorgehensweise zum Erfolg

Erfolge sind Folge von Erreichtem und dies zeigt sich im Ergebnis einer vollbrachten Leistung oder eines vollendeten Werkes. Elementare Ansätze von Erfolgsleistungen entspringen den Innovationen von vollbrachten Leistungen oder Werken. Wir bezeichnen diese Erfolgsansätze mit der Wortschöpfung **InnOpera®**, das heißt: Das Neue ins Werk setzen. Mit diesem Erfolgsansatz bestimmen und quantifizieren wir die Verwirklichungen von Erfolgsbestrebungen und erfolgsgerichtete Entscheidungen und Handlungen. Der Mensch erkennt, unterscheidet, vergleicht und ordnet Erfolgsverwirklichungen, um Orientierung und Bezüge für erfolgsversprechende Lebensgestaltung zu gewinnen.

Jede Maßnahme der Erfolgsbestrebung sollte mit eindeutiger, verständlicher Beschreibung für den konkreten Anwendungsfall im Ist- und Soll-Erkenntniszustand formuliert werden. Wer sein Ziel nicht kennt, für den ist kein Weg der richtige! Erfolgsbeschreibungen sind mit einer subjektiven Beurteilung der Sinnhaftigkeit und Präferenz behaftet, deren Zielrichtung und Wirkungen zu beurteilen sind. Die subjektive Beurteilung von Erfolgsbestrebungen sollte durch eine objektive Bewertung in Zahlenwerten hin zu objektivierten Erfolgsbewertungen definiert werden! Aus der Bewertung müssen eindeutige Entscheidungen zielgerichteter Realisationen der Erfolgsbestrebung formuliert, getroffen und ausgeführt werden!

Vom Allgemeinen zum Besonderen!

Man unterscheide, ob Tatbestände oder Sachverhalte eine allgemeine Gültigkeit beanspruchen oder ob sie Sonder- oder Einzelfälle, etwas Einzigartiges darstellen. Zum Beispiel formuliert die Präambel unseres Grundgesetzes: „*Im Bewusstsein seiner Verantwortung vor Gott und den Menschen, vor dem Willen beseelt, als geleichberechtigtes Glied in einem vereinten Europa der Welt zu dienen, hat sich das deutsche Volk kraft seiner verfassungsgebenden Gewalt dieses*

Grundgesetz gegeben". Dieses allgemein-definierte Gesetz gilt nicht für den besonderen Status von deutschen Exklaven auf Schweizer Territorium – eine erfolgreiche Steueroase.

Vom Einzelfall zum Regelfall!

Es sind Einzelfälle, wenn einer aus der Masse als Genie herausragt. Dennoch könnte man Begabte so fördern, dass sie mit ihren Anlagen zu einem potentiellen Erfolg unterstützt und gefördert werden. Eine Förderung wäre kein Regelfall. Die Unterscheidung von Einzelfall und Regelfall ist ein wesentliches Bewertungskriterium für erfolgsgerichtete Maßnahmen.

Vom Bestehenden zum sich Verändernden!

In der Regel geht man vom Bestehenden aus und verdrängt leicht notwendige Veränderungen. Man hält es für selbstverständlich, dass man Bestehendes nutzt. Die vermeintliche Selbstverständlichkeit kann aus unterschiedlichen Gründen nicht mehr gegeben sein. Mögliche Einflüsse und deren Folgen sollten bedacht werden, um sich, respektive seine Gestaltungen, erfolgsgerichtet zu verändern. Zum Beispiel vertrauen wir seit der *Renaissance* auf Banken und Bargeld. Möglichweise verändern sich durch die Digitalisierung die Formen des Kredit- und Zahlungsverkehrs. Banken und wir Kunden müssen uns auf diese Veränderungen einstellen.

Von der differenzierten Vielfalt zum Typischen!

Die Natur zeigt die Vielfalt der Flora und Fauna und auch die Menschheit unterscheidet sich in der Vielfalt der einzelnen Individualitäten. Bei der Vielfallt der Erscheinungsformen fragen wir nach einer Gesetzmäßigkeit der Gegebenheiten, Veränderungen oder Entwicklungen und gegebenenfalls entdecken wir Erfolgsrelevantes. Das Typische gibt uns Ansatz zur Analyse von Ursachen und Wirkungen. Aus der Vielfalt als auch aus dem Typischen erkennen wir Vor- oder Nachteile für die Realisierung von Erfolgen.

Vom Einzigartigen zum Allgemeingültigen!

Wenn sich etwas Einzigartiges oder Besonderes als erfolgreich herausstellt, sollte man deren Ursachen analysieren, um daraus möglicherweise Erfolgsfaktoren zu erkennen, die dann als allgemeingültige Regel oder als Erfolgsansatz genutzt werden kann. Beispielsweise mag es in einer Fußballmannschaft einen einzigartigen und überragenden guten Spieler geben. Der Trainer dieser Mannschaft sollte sich fragen, ob aus dieser Einzigartigkeit eine neue, für die Fußballmannschaft allgemeingültige, Spielstrategie entwickelt werden kann.

Vom Bekannten zum Unbekannten!

Bekanntes ist hinsichtlich seiner zukünftigen oder weiterreichenden Gültigkeit und Wertschätzung zu hinterfragen. Man sollte den Mut haben, Unbekanntes oder Neues zu Bedenken und deren mögliche oder wahrscheinliche Realisierung analysieren. Bekanntes ist vertraut und bequem, aber lähmt es uns nicht, Unbekanntes, das Neue oder Bessere zu probieren? Zum Beispiel hat man langjährige, liebgewonnene Gewohnheiten und diese verhindern, dass wir Neues, Unbekanntes, Fremdes wagen. Viele Erfolge haben ihren Ursprung in dem Mut von Innovatoren, die Neues verwirklichen.

Vom Ungewissen zum Gesicherten!

Jeder Glücksspieler weiß, dass sein Glück nicht nur von seinem Geschick oder seiner Intelligenz abhängt, sondern auch und insbesondere vom Zufall und Glück. Es reicht nicht, seine Erfolgsbestrebung dem Zufall zu überlassen, man muss seinen Erfolg durch unvoreingenommene Beurteilungen, Analysen und Entscheidungen objektivieren – das heißt: sichern für den weiteren Erfolg in der Zukunft. Jede Erfolgsbestrebung sollte durch Ziel- und Strategiesetzungen für eine höhere Eintrittswahrscheinlichkeit geleitet sein, um eine geplante Erfolgsverwirklichung abzusichern.

Vom Unwichtigen zum Hauptsächlichen!

Erfolgsbestrebungen und Gestaltungsaufgaben sind meistens begleitet von unwichtigem – aber wohl vermeintlich unverzichtbarem Beiwerk. Es spart Zeit und Ressourcen, dem Unwichtigen weniger Beachtung zukommen zu lassen. Man sollte seine Aufmerksamkeit und Kräfte auf das Wesentliche und Hauptsächliche der Erfolgsbestrebung konzentrieren. Wenn man beispielsweise einen Transport von A nach B durchführen muss, dann ist die Planung von Wegstrecke, Zeitaufwand, Transportmitteln und Kosten ein wesentlicher erfolgsentscheidender Faktor und die Schönheit des Transportweges wäre dagegen nebensächlich.

Einflusswirkkräfte auf die Erfolgsverwirklichung

Um Erfolge zu erringen, bedarf es des Einsatzes von Entscheidungen, Handlungen und Ressourcen sowie Erkenntnis- und Urteilsvermögen, um unsere Fähigkeiten der Erfolgsverwirklichung zu ermöglichen. Die Einflusswirkkräfte der Erfolgsverwirklichung, die uns innewohnen oder von außen auf uns einströmen, können erfolgsförderlich oder erfolgsschädlich sein und dies gilt es zu erkennen und zu bestimmen. Wirkkräfte können empirisch durch Befragungen, Erhebungen und Analysen beantwortet, erhoben, recherchiert und bewertet werden. Erfolgsbestrebungen sind von zwei Seiten zu beurteilen: Einmal – a priori – von Seiten der Erwartungen, Zielwunschvorstellungen und der geplanten Zielerreichung und zweitens – a posteriori – seitens des geleisteten und erreichten Erfolgs. Nachfolgend wird das Instrumentarium, mit dem wir Erfolgsbestrebungen methodisch verwirklichen können, dargestellt.

Grundlegung erfolgreichen Handelns und Entscheidens!

Vergegenwärtigen Sie sich mittels Ihrer Vorstellungskraft die Verwirklichung Ihres Erfolgsstrebens und beschreiben Sie Ihre Bewusstseinsverfassung, wenn Sie an Ihre Erfolgsverwirklichung denken! Unter Umständen erscheint Ihnen Ihre Erfolgsbestrebung als schwierig oder komplex. Machen Sie sich bewusst, in welcher Weise Ihre erfolgsgerichteten Entscheidungen und Handlungen zielführend sein können. Was genau wollen Sie mit welchen Mitteln anstreben? Stellen Sie sich eine Wegekarte zu Ihrem Ziel des Erfolges vor und orientieren Sie die Ausrichtung Ihrer Erfolgsbestrebung an diesen Zielen.

Erkennen Sie die Übermächte, die auf Ihre Erfolgsverwirklichung einwirken!

Welche Veranlagung Ihrer Persönlichkeit fördert oder behindert Ihre erstrebte Erfolgsverwirklichung und in wie weit verdanken Sie den Erfolg Ihren Anlagen? Wird ihre potentielle Erfolgsenergie vom Schicksal oder von Zufällen beeinflusst und sind damit Ihre Erfolgsbestrebungen vorbestimmt oder selbstbestimmt? Gegebenenfalls sind Ihre Erfolgsbestrebungen von persönlichen, sozialen oder gesellschaftlichen Gegebenheiten anhängig. Sind Sie bereit, diese Abhängigkeiten zu überwinden als Preis Ihres Erfolges? Besitz und Eigentum können ihre Erfolgsbestrebung fördern, falls diese Ressourcen für Sie verfügbar sind.

Nutzen Sie externe Erfolgskräfte als Ihre Ressource!

Inwieweit stehen Ihnen Ressourcen zur Erfolgsverwirklichung zur Verfügung? Veränderungen des Marktes, der Kunden-, Nutzer- oder Anwenderpräferenzen können Ihre Erfolgschancen verändern und Sie müssen diese Veränderungen erkennen und gegebenenfalls zu beeinflussen suchen. Elementarfaktoren der Ressourcen sind Arbeitskraft, Material und Werkzeug, finanzielle Mittel, Information und Knowhow. Inwieweit wirkt die Kombination dieser Elementarfaktoren auf die Erfolgsverwirklichung?

Strategien zur Bestimmung von erfolgsgerichteten Entscheidungen

Strategien sind Routen der Entscheidungen und Handlungen, die zum Ziel der Erfolgsverwirklichung führen sollen. In welcher Weise eine bestimmte Strategie – von den vielen möglichen – als Leitweg zum Erfolg dient, entsteht zumeist aus dem Gewahrwerden von Veränderungen oder Entwicklungen. Strategien der Erfolgsverwirklichung, respektive der Misserfolgsvermeidung, gilt es zu analysieren und zu bestimmen, ob sie einer Erfolgsbestrebung zum Erfolg verhelfen.

Strategien des Erfolg-habens und des Erfolgreich-seins

Es stellt sich die Frage, ob wir Dinge oder Ressourcen besitzen müssen, um Erfolg zu haben und wie gewinnt ein Erfolg eine Bedeutung für den Erfolgsstrebenden. Man sollte zuerst unterscheiden zwischen dem Erfolg-haben und dem Erfolgreich-sein. Erfolg vereinnahmt Erfolgsbestrebungen in unterschiedlicher Weise. Eine Erfolgsstrategie des Erfolgreich-seins zielt auf das Eigentum eines persönlichen Erfolgs des Erfolgsstrebenden, wie zum Beispiel hohe Anerkennung, Ruhm, Ehre etc. Eine Erfolgsstrategie des Erfolg-habens hingegen zielt auf den Besitz von Gütern, wie zum Beispiel einen Palast, ein Vermögen, ein Gewinn, etc. In jedem Fall zielen Erfolgsstrategien auf eine Zielverwirklichung.

Strategien: erfolgreiche Ideen hervorzubringen

Es bedarf des Gärstoffes von Ideen, um Vorstellungen einer Erfolgsstrategie in konkrete Zielvorstellungen und Planungen umzuformen. In Erfolgsstrategien schwingt häufig ein Mythos mit, von dem eine Anziehungskraft zur Erfolgsverwirklichung ausgeht. Diese Kraft ist meme-tischer Natur, das heißt sie besteht aus kleinsten Kraftwirkungen, die eine Erfolgsidee zünden, wachsen und sich verbreiten lässt. Meistens ist Kreativität der Anstoß zur Verwirklichung einer Idee. Man sollte den Mut haben, kreative Ideen hervorzubringen, um daraus eine besondere, neue, einzigartige und erfolgversprechende Erfolgsverwirklichung zu entwickeln.

Strategien der Umsetzung von Ideen zur Erfolgsbestrebung

Erfolgsstrategien sind als kognitiver Informationsprozess zu verstehen, die Ideen zu Erfolgsentscheidungen führen. Oft leitet der Zeitgeist die Ideenfindung zu einer Erfolgsstrategie. Darüber hinaus kann eine distinkte, ethische Einstellung zu einer Erfolgsidee führen. Oder das Begehren, eine ästhetische Idee zu verwirklichen, lässt den Kreativen eine Erfolgsstrategie formulieren. Zumeist jedoch verhelfen kausal-logische Verstandeskonstruktionen zu Erfolgsstrategien und damit zu einer Ideenverwirklichung.

Strategien der Verwirklichung eines Erfolges

Erfolgsstrategien kennzeichnen eine Evidenz der Wirklichkeitsnähe und damit eine höhere Wahrschcinlichkeit der Erfolgsverwirklichung. Sie begründen sich in der Planung und Organisation von Erfolgsbestrebungen. Es bedarf Ordnungsprinzipien oder Grundsätze des Erfolgsstrebens, durch die eine Strategie von Maßnahmen zur Erfolgsverwirklichung geleitet wird. Derartige Strategien können aufgrund oder mittels wirtschaftlicher, technischer oder praktischer Postulate oder Vorgaben entwickelt werden. Derartig begründete

Erfolgsstrategien dienen dann als Gestaltungsrichtlinien, Leistungsvorgaben oder Problemlösungsvorgaben.

Strategien der Erfolgsverwirklichung von Produkten oder Objekten

Erfolg hängt in hohem Maße von definierten Spezifikationen ab. Dies gilt insbesondere für innovative Produkte oder Objekte, bei denen eine strategische Wegweisung zur Erfolgsverwirklichung führt. Erfolgspotentiale stehen in Abhängigkeit von Marktbedingungen und technischer Realisierbarkeit. Einzigartige, neue innovative Produkte oder Objekte zeichnen sich zumeist durch ihre Gestaltungsstrategie aus. Nährboden des Erfolges bildet eine ästhetische, künstlerische oder praktische Strategie des Designs oder der Produkt- und Objektspezifikation, die beim Kunden oder im Markt Akzeptanz oder Nachfrage findet. Erfolgreiche Produkt- oder Objektstrategien besitzen oft ein Alleinstellungsmerkmal und eine Marktmacht.

Strategien der Messung und Bewertung des Erfolgsweges

Aufgrund der vorangehend beschriebenen Einwirkungskräfte und Strategiebestimmungen von Erfolgsbestrebungen sollen nun diese durch Messung oder Bewertung von Erkenntniskategorien und Wegbeschreibungen (Strategien) objektiv bewertet werden. Wie sind Erfolgsstreben und Erfolgsverwirklichung in allgemeingültigen, objektivierten Bestimmungen auszudrücken? Mathematische und kausal-logische Modelle, Methoden oder Theoreme dienen der objektivierten Messung einer Erfolgsbestrebung.

Analyse der Erfolgsbestrebungen von Initiator und Rezipienten

In Bezug auf den Erfolgsstreber, den Erfolgsinitiator als Erfolgsstrebenden (A) und auf die Erfolgsrezipienten oder den Abnehmer, Kunden, Nutzer oder Anwender (B) besteht ein Zusammenhang beziehungsweise eine Abgleichung der Bewertungen. In der Matrizenrechnung wird die Differenz von $A \neq B$ analysiert und bewertet. Zum Beispiel können in einem Kommunikationsmodell die Anzahl und die Höhe des angebotenen und des gebotenen Wertes verglichen und als kausal-logische Wertbestimmung berechnet werden.

Analyse der Effizienz und Effektivität der Erfolgsbestrebung

Der Wert der Effizienz einer Erfolgsbestrebung kann mit Maßen der Schnelligkeit, der Menge oder des Aufwandes der Zielerreichung berechnet werden. Der Wert der Effektivität einer Erfolgsbestrebung wird im Maße der Wirksamkeit rechnerisch ausgedrückt oder im Verhältnis zu erreichten und zu erwarteten Zielwerten festgestellt. Erfolgsziele werden auch durch Reduktion der Komplexität des Erfolgsverwirklichungsvorhabens berechnet. Dem dienen mathematische Modellberechnungen der Sensibilitätsanalyse und Input-Output-Kennzahlen.

Folgende Postulate leiten den Erfolgsweg:

Vorurteilsfreie Diagnose des IST-Standes zeigt auf, wo man steht und was falsch läuft!

Prognosen geben vor, wohin der Erfolgsweg führen soll!

Zielsetzungen weisen dem Erfolgsweg wohin man will und welchen Sinn man erstrebt!

Planung und Organisation dienen als erfolgswesentliche Führungshilfen!

Führungsentscheidungen und Realisationsmaßnahmen dienen der Erfolgsverwirklichung!

Kontrolle lässt zielrelevante Zusammenhänge von Ursachen und Wirkungen erkennen!

20 Die Führung des Erfolges von Unternehmungen

Führung zeigt sich als ein gruppendynamischer Prozess des miteinander Arbeitens in Prozessen erfolgsstrebender und zielgerichteter Aufgaben. Menschen entwickeln in der Rolle des Führens Verhaltensweisen, die sie im Erfolgsstreben nach Dominanz, Angemessenheit oder Abwehr vereinnahmen. Führen und geführt werden vollziehen sich in stereotypischen Führungsrollen. Man charakterisiert Vaterführer und Mutterführer. Vaterführer herrschen, bestimmen, befehlen, setzen Ziele und fordern Gehorsam und Erfolg. Die Rolle eines Vaterführers können auch Frauen einnehmen. Mutterführer führen vornehmlich aufgrund Sympathie, Einfühlungsvermögen, Sorge, Mitleid u. a. Mutterführer können auch männlich sein.

Beobachten wir erfolgsgerichtetes Führungsverhalten an einem konstruierten Beispiel in einer unternehmerischen Arbeitssituation. Angenommen die Führung eines Unternehmens besteht aus vier Führungspersönlichkeiten (oder neudeutsch: Managern):

Typ A – Vorstand und Inhaber eines deutschen Unternehmens der Möbelindustrie

Typ B – Leiter des Finanzwesens der Firma, promovierter Betriebswirtschaftler

Typ C – Leiter der Technik und Produktion der Firma, erfahrener Ingenieur und Praktiker

Typ D – Vorstandsassistent, ehrgeiziger, kluger, aufstrebender, selbstbewusster Macher

Führungspersönlichkeit eines Beispiels Typ A

Der Vorstand hat auf einer IHK-Veranstaltung die Bekanntschaft des Geschäftsführers eines in Sankt Petersburg ansässigen Möbelunternehmens gemacht. Beide verband Sympathie. A schlägt vor, sich zu einer Geschäftskooperation zu verabreden. Der russische Unternehmer lädt zu einem Treffen in St. Petersburg ein, mit Besichtigung seines dort ansässigen Möbelunternehmens und einer 2-tägigen Konferenz auf seiner Datsche am Ufer des Ladoga-Sees in Karelien. Treffen und Konferenz finden mit folgendem Ergebnis statt:

Machtkonfrontation: Die Konferenz in idyllischer Umgebung gerät in harte Verhandlungsphasen. Insbesondere B beharrt stur auf substantiellen, feststehenden Daten der Umsätze, Investitionen, Prognosen und Absicherungen. C verweist auf die unterschiedlichen technischen Normen und Qualitäten. Die Verhandlungen zu einer Kooperation erweisen sich als zäh und komplex und das Kooperationsprojekt steht vor dem Scheitern.

Modus Vivendi: Man kann sich nicht in allen Punkten auf eine vertragliche Kooperation einigen. Bedenken und Unsicherheiten können nicht klar ausgeräumt werden. Man beschließt, D solle das Kooperationsprojekt durch konkrete Analysen der gegenseitigen Vor- und Nachteile untersuchen und darstellen. Man erwartet durch diese Analysen zu einer Entscheidung über die Realisation der Kooperation zu gelangen.

Strategische Erfolgspositionen: Die Führung des deutschen Unternehmens sieht sich in seiner Marktstellung und in der Qualität seiner Produktleistungen dem russischen Unternehmen überlegen und nimmt die Haltung eines Führungsanspruchs in der Kooperation ein. Die Führung des russischen Unternehmens verweist auf die Kostenvorteile seiner Produkte und erwartet von der Kooperation, Unterstützung in den Bereichen Innovationen und Marketing-Know-how.

Die Erfolgsfaktoren des Wachstums und der Macht

Unternehmenskooperationen zeigen, dass die Erfolgsvorstellungen und die Einstellung von Unternehmensführern unterschiedlich sind. Sie können von Wachstumszielen und Machtansprüchen geprägt sein. Wirtschaften vollziehen sich in Interaktionen von Angebot und Nachfrage, nach Gütern der Märkte, des Handels und Wandels. Zu unterscheiden sind verschiedene Marktformen und Marktplätze. Ein wirtschaftlicher Erfolg ist Ergebnis des geplanten, organisierten Einsatzes von Ressourcen, der Tüchtigkeit von Unternehmern und den gesetzten Marktbedingungen. Ziel ist der wirtschaftliche Erfolg aufgrund von Prosperität, Wachstum und Macht.

Die Wirtschaft und erfolgsstrebendes Wirtschaften sind zumeist eingebunden in Normen. Versteht man diese Normen als Erfolgsgesetze oder Ideal, so sind sie dem Erfolgsstrebenden zumeist hinderlich oder überflüssig. Wer setzt eigentlich das Ideal? Aus welchen Gründen und mit welcher Legitimation erhebt man etwas zur Norm? Diese Fragen fordern uns auf, gegen Soll-Normen zu kämpfen und stattdessen eine neue, kreative IST-Norm zu setzen. Viele Normen des Wirtschaftens sind ein Herrschaftsinstrument oder sie sind weltfremd. Normen veralten oder verkommen zu unzeitgemäßen Hürden, ohne aktuelle wissenschaftliche Grundlage und Praxis.

Erfolgsleistungen des Wirtschaftens sind der Zukunft zugewandt

Neue Ideen, neue Produkte, neue Dienstleistungen, neue Techniken und neue Märkte leben nicht aus alten Normen, sondern sie öffnen neue, zukunftsgewandte Weltbilder und neue Gestaltungsmöglichkeiten. Bedürfnisse und Interessen – und damit Produkte, Ideen und Märkte – verändern sich. Wirtschaft folgt dem Wechselspiel von Innovation und Veraltung aufgrund des Wandels, neuer Moden und neuartiger Ereignisse. Erfolgreiche Wirtschaftler wägen das Für und Wider ab und antizipieren Wandel oder Veränderungen und ergreifen neue Erkenntnisse, neuen Willen und neue Wertschätzungen. Das Perspektivische ist die Zielsetzung des erfolgreichen Managers oder Unternehmers. Da wir Menschen sind, interessieren uns Menschen mehr als Sachen. Deshalb reizt uns das Lebendige, der Vorgang und das Werden mehr als der Zustand und das Sein.

Die Bestrebung, der Arbeit einen Sinn zu geben!

Im Althochdeutschen bedeutet das Wort *Arbeit* Mühsal, Plage. In der industrialisierten und digitalisierten Arbeitswelt versteht man *Arbeit* einen Job erfüllen, der idealerweise interessant ist, Herausforderungen befriedigt, mit einem angemessenen Einkommen honoriert wird und persönliche Erfolgsbefriedigungen ermöglicht. Ohne Arbeit wäre das Leben hingegen belastet mit Armut, des Ausgeschlossen-seins oder der Sinnlosigkeit. Das Wirtschaften – im Allgemeinen und im Falle eines einzelnen Unternehmens im Besonderen – gedeiht durch die Führungsprinzipien der Einhaltung von Gesetz und Recht (Compliance), einer Unternehmensethik der gesellschaftlichen und sozialen Verantwortung (Corporate Social Responsibility). Erfolgsleistungen der Unternehmen und deren Geschäftsphilosophie sind die Grundlage einer erfolgreichen Ökonomie.

> *„Ich kann freilich nicht sagen, ob es besser werden wird, wenn es anders wird; aber so viel kann ich sagen: Es muss anders werden, wenn es gut werden soll.“*[13]

Prinzipien unternehmerischen Arbeitens in der Wirtschaft und in Unternehmen

- *Faire Geschäftspraktiken des Gebens und Nehmens!*
- *Sparsamer, umweltschonender Einsatz von Ressourcen!*
- *Engagement für die Belange der Mitarbeiter und der Kunden!*
- *Gesellschaftliche Verantwortung und Engagement!*

13 Georg Christoph Lichtenberg: Schriften Sudelbücher. Göttingen 1800.

- *Passion in Bezug zur Arbeit, dem Geschäft und dem Wirtschaften!*
- *Offenheit gegenüber dem Wandel und dem Neuen!*
- *Wollen, Entscheiden, Tätig-sein zur Verbesserung von Leistungen!*
- *Lösungsorientiertes Anpacken und Handeln bezüglich auftretender Probleme!*
- *Praxisorientiertes Bedenken von Ursachen und Folgen der Entscheidungen!*
- *Lernen aus den Erfahrungen und Mut zum Neuen!*
- *Motivation zur Erfolgsverwirklichung von sich selbst und für Andere!*
- *Beachten und überwinden von persönlichen Grenzen oder Aversionen!*
- *Sorgfalt beim Bewerten von erfolgsrelevanten Informationen und Chancen!*
- *Neuem und Unbekanntem mit kritischem Optimismus begegnen!*
- *Qualität geht vor Quantität und Überfluss und Mangel sind zu beheben!*
- *Unterscheidung und Divergenz schärfen das Urteil über Erfolgsentscheidungen!*
- *Einfachheit führt zur Gleichheit – Komplexität zur Verwirrung und Unverständnis!*
- *Streben nach Gleichgewicht bedeutet weniger Anstrengung und Zweifel!*
- *Unterscheiden von charismatischer und rationaler Führung!*

Erfolgsverwirklichungen sind Folge von Erreichtem

Nur was gemessen wird, kann objektiv verbessert werden. Vernachlässigt man die Kontrolle – oder ist man unaufmerksam bei einer Erfolgsbestrebung – erkennt man nicht, wenn man vom Erfolgsweg abweicht. Messungen manifestieren und objektivieren Erfolgsfaktoren. Zum Beispiel kontrolliert jeder Pilot Messdaten, um einen kurssicheren und planmäßigen Flug auszuführen. In der Wirtschaft wird Erfolg an Entscheidungen und Ergebnissen gemessen. Die durch Planungs-, Organisations- oder Steuerungsdaten des Ist und Soll sind zu objektvieren. Alle Datenmessungen dienen letztlich der Möglichkeit, einen Erfolg zu objektivieren. Der Sinn von Postulaten wirtschaftlicher und weltgestaltender Erfolgsbestrebungen erschließt sich a posteriori durch die Fragen:

Hat sich die Anstrengung gelohnt? War es das wert? Würde man es wieder so machen? Ist oder war der Aufwand gerechtfertigt?

Stufenweises Vorgehen auf dem Weg zum Erfolg

(1) Ist-Analyse – Wo steht man gegenwärtig auf dem Erfolgsweg?

Der Weg zum Erfolg beginnt mit der Bestimmung von Anschauungen und Vorstellungen über die gegebene Situation des Ausgangspunktes der Erfolgsbestrebung. Man sollte exakt wissen, in welcher Position man sich mit seiner Erfolgsbestrebung befindet. Der Erfolgsstrebende muss sich zu Beginn seines Erfolgsweges folgende Fragen stellen: In welcher Ausgangsposition stehe ich mit meiner Erfolgsbestrebung hinsichtlich meiner persönlichen Präferenzen, meinen finanziellen Möglichkeiten, meinen Idealen und Wunschvorstellungen?

(2) Welches genaue Ziel soll erreicht und angestrebt werden?

Zielsetzungen sollten exakt mit klaren, eindeutigen Maßstäben messbar, treffend, realistisch und rational bestimmt sein. Annahmen und Träume über einen Erfolg müssen in klarem Verständnis realistisch konkretisiert werden. Utopische Ziele sind lediglich Wunschbilder. Die Zielbeschreibung sollte klar und deutlich sein, aufgrund dessen das Zielstreben durch den Glauben an den Erfolg seine Kraft entfalten kann. Der Erfolgsbeitrag und die Erfolgswahrscheinlichkeit von gesetzten Zielen sind durch Analysen, Prognosen und Bewertungen zu quantifizieren und zu verifizieren.

(3) Planung – Wie, womit und wann ist das Ziel zu erreichen?

Zu planen heißt nicht, Himmelsschlösser zu bauen, sondern es gilt, systematisch und gründlich zukünftige Erfolgsschritte zu setzen. Folgende Fragen unterstützen die Planung und Erreichung von gesetzten Zielen: Was, wie und wann bedarf es welcher notwendigen Entscheidungen für die Erfolgsverwirklichung? Welches Wissen, welche Informationen, welche Kommunikation, welche Beziehungen und welche Fähigkeiten sind erfolgsnotwendig? Welche zeitlichen und materiellen Dispositionen unterstützen die Erfolgsbestrebung und bringen das Erfolgsziel näher? Welche Zwischenstufen zum Erfolg sind zu setzen und verwirklichen?

(4) Ressourcen – Welches Mittel benötigt man für die angestrebte Zielerreichung?

Jede Erfolgsbestrebung ist abhängig von der Verfügbarkeit bestimmter Ressourcen. Die wichtigsten Ressourcen für eine Erfolgsverwirklichung sind Zeit, Raum, Finanzmittel, Werkstoffe, Materialien und Unterstützungen von Mitwirkenden. In welchem Maße stehen diese Ressourcen zur Verfügung oder müssen diese geleistet oder bezogen und noch eingesetzt werden? Ist man in der Lage, Sicherheit, Gewissheit und Kontrolle über die erfolgswirksamen Ressourcen herzustellen, zu erlangen, zu erreichen oder zu erwerben? Mit welcher Quantität, Qualität, Eigenschaft und Zeit sind die benötigten Ressourcen verfügbar?

(5) Vollbringen – Wissen und Können zu Entscheidungen und zur Tat transferieren!

Wie können die unwägbaren Stürme der Veränderung, Verknappung, Zerstörung, Fehleinschätzungen, Missgunst, Feindschaft und Ablehnung, die der Erfolgsverwirklichung entgegenstehen, gemeistert oder überwunden werden? Welche Motivation, welche Visionen und welcher Tatendrang sind für die Erfolgserreichung einzusetzen? Welche zielstrebenden und erfolgsnotwendigen Schritte müssen durch den persönlichen Einsatz und mit Fremdleistungen geleistet werden? Erfolgsvision und die Erfolgsverwirklichung müssen zielstrebend erarbeitet werden!

(6) Kontrolle – Den Weg zum Erfolg überprüfen und notwendigerweise korrigieren!

Ein wichtiges Rüstzeug für eine Erfolgsverwirklichung ist die Kontrolle. Man sollte den Weg der Maßnahmen und Entscheidungen zum Erfolg durch eine persönliche Navigation mittels Messdaten bewerten und manifestieren! Woran ist zu erkennen, ob bestimmte Entscheidungen oder Maßnahmen zur Erfolgserreichung dienlich sein können? Wo befindet man sich auf dem Weg der Erfolgsbestrebungen? Welche der bisherigen erfolgsgerichteten Entscheidungen oder Maßnahmen waren nützlich, richtig und insbesondere zielführend? Wie können Fehlentscheidungen des Erfolgsstrebens zukünftig vermieden werden?

(7) Aufmerksamkeit – Erfolgsentscheidungen mit Weitsicht und Vorsicht begleiten!

Wenn bestimmte Stufen der Erfolgsbestrebung erreicht wurden, sollte man sich besinnen. Ihr Erfolg sollte Sie nicht arrogant und rechthaberisch machen! Welchen Einsatz hat die Erfolgsbestrebung Ihnen, den Nahestehenden, den Mitarbeitern und der Gemeinschaft abgefordert? Wie kann man ihnen für ihre Unterstützung beim Erreichen des Erfolgsziels danken? Jede Erfolgsbestrebung, die zu einem Erfolg führte, ist nur ein Sieg, der vergänglich ist. Sie sollten sich neue Ziele setzen, um Ihre Erfolgserreichung zu sichern oder um einen weiteren oder neue Erfolge anzustreben. Bedenken Sie: Das Leben ist Veränderung. Wirken Sie mit an einer neueren und besseren Weltsicht und Weltgestaltung!

(8) Kreativität – Das Streben nach dem Neuen und Besseren

Alles fließt – nichts bleibt unverändert in Raum und Zeit. Um erfolgreich zu sein – und es in Zukunft zu bleiben – muss man Gegebenes, Gewohntes und Altbekanntes verändern, neu überdenken und neu gestalten. Diese Veränderungskräfte entspringen der Kreativität des Innovators. Neues zu erschaffen, zu denken oder zu erkennen vollzieht sich mit dem Einbezug von Tugenden oder Fähigkeiten, der Problemsensitivität, der Ideeninspiration und der Originalität. Kreativität ist die Kraft für zukünftige Erfolge.

> *Wirtschaften bedarf einer Schaffenskraft, aus der die Macht des Erfolges, Besitzes oder Eigentums erwächst!*

21 Anleitung zum kreativen, erfolgsgerichteten Erfolgsweg

Um kreative Werke oder Problemlösungen erfolgreich zu vollbringen, muss man Neuartiges zusammenbringen mit scheinbar Ungewöhnlichem oder Verschiedenem. Es gilt das Besondere, Neuartige oder Unbekannte zu denken und zu entdecken. Eine kreative Leistung kann durch eine geordnete, schrittweise Vorgehensweise erreicht werden oder durch einen Zufall. Diese Methode zum Erfolg – Synektik genannt – besteht im Wesentlichen aus der Herstellung von Verbindungen des Ausgangsproblems mit einer Lösungsidee. Der Weg zum Erfolg wird oft geleitet durch eine Verfremdung oder Entfremdung des Problems durch Analogie (Entsprechen) und Komparation (Vergleichen). Der Erfolg kreativer Leistungen oder Werke entwickelt sich in folgenden Schritten:[14]

1. Schritt: Gegebenes Problem

Impulse und die ursprünglichen Anstöße bezüglich der Erfolgsverwirklichung werden vom Innovator, Experten, Beauftragten oder Betroffenen als Problem oder Ideenentwurf vorgestellt. Die Darstellungen der prospektiven Erfolgsleistung sollten möglichst allgemeingültig, umfassend, klar und eindeutig aufgezeigt, angesprochen und bestimmt werden. Die wesentlichen Probleme und Bezüge der Ausgangssituationen und der erwünschten Erfolgsverwirklichungen sollten mit der Präsentation der Ideen und Vorstellungsentwürfe erhellt werden.

2. Schritt: Zerlegung und Erläuterung

Die Problematiken der beabsichtigten Erfolgsverwirklichung sind unter den am kreativen Prozess Beteiligten und Betroffenen zu diskutieren, zu hinterfra-

14 Anm.: Diese Methodik geht zurück auf Gordon W. J.: Synectics, New York 1961. Der Autor erweiterte und verfeinerte diese aus seinen Praxiserfahrungen unter Einbeziehung verschiedener Kreativitäts-Techniken.

gen und festzuschreiben. Es sollte um ein gemeinsames Verständnis über das geplante Erfolgswerk oder Erfolgsprojekt gerungen werden können. Argumente des Für und Wider sollten bedacht und diskutiert werden. Ein eindeutiges sprachliches Verständnis und Klärung sollte erstrebt werden. Dabei sollten Einwände und zielführende Erläuterungen seitens von Experten möglich sein.

3. Schritt: Spontane Lösungsvorschläge

Die an dem kreativen Ablauf der Erfolgsbestrebung Beteiligten sollen Lösungsvorschläge aus eigenen, unvermittelten Einfällen hervorbringen können. Dies könnte im Wege eines Brainstormings befeuert werden. Eine spontane Idee oder Bemerkung, sei es vom Experten oder Laien könnte aufgenommen werden und Anlass sein, Probleme näher zu erörtern. Oft dienen spontane Einfälle dazu Klärungsbedarf anzustoßen und gegebenenfalls den Verständnisraum mit neuen Einwänden oder Ideen zu erweitern.

4. Schritt: Widerspruch und Negation

Vermeintlich stellt Widerspruch eine Erfolgsverwirklichung in Frage oder ruft Widerspruch und Negation hervor. Es bedarf einer Einsicht und gegebenenfalls einer hohen Debattierkunst Probleme oder Vorschläge schärfer und tiefer zu bedenken. Aufgrund von Argumenten gegen oder für die Negation können Widersprüche entstehen, die ein neues oder gemeinsames Problemverständnis und Problembewusstsein wecken.

5. Schritt: Probleme sind zu verstehen

Aus einem gemeinschaftlichen Problemverständnis kann eine neue Problemdefinition abgeleitet und gewonnen werden. Dies geschieht zweckmäßigerweise dadurch, dass alle Beteiligten mehrere Sichtweisen oder Problemlösungen erarbeiten und bewerten. Man nähert sich der Bestimmung einer Problemlösung aufgrund gemeinsamer Aussprachen, Besprechungen und Bewertungen auf zielorientiertem Verständnis hin. Diskussionen über Problemlösungen sollten zu Einsichten und Einigung führen. Problemdefinitionen können umdefiniert werden zu Aufgabenlösungen und zu einer neuen positiv-formulierten Zielsetzung umgesetzt werden.

6. Schritt: Erste direkte Analogie

Konkrete Problemstellungen werden mittels eines bildlichen Vergleichs oder einer Analogie in neuer Sichtweise gesehen. Dadurch wird eine Verfremdung des Problems erreicht und man löst oder öffnet sich von der ursprünglichen Problemstellung zu einer neuen, beschreibenden Problemsicht. Analogie erscheint den Beteiligten in der Regel als Erweiterung ihres Erfahrungshorizonts und vermag neue, interessante Perspektiven eröffnen und neue Lösungen anstoßen.

7. Schritt: Allgemeingültige Analogie

Aus einer neugefundenen, allgemeingültigen Problemsicht werden persönliche Analogien und Überzeugungen bewertet, die von Gefühlen, Erfahrungen, Empfindungen und Gedanken getragen sind. Diese subjektiven, aber allgemeinen Urteile fordern Ansprüche der Erfolgsverwirklichung heraus. Man vertieft sich dabei in die Lage und situativen Bedingungen des Problemumfeldes und nimmt einen festen Standpunkt ein. Vorgehensweisen und Standpunkte werden als Erfolgsweg beschrieben und empfohlen.

8. Schritt: Zugespitzter Konflikt

Es bleibt nicht aus, dass Ihre Erfolgsbestrebungen von Konkurrenten, Neidern und Gegnern angefeindet und bekämpft werden. Wer nach Erfolg strebt muss sich dessen bewusst sein und möglichen missgünstigen Reaktionen entgegentreten. Gegner verwenden zum Abwehrkampf Schlagwörter. Sie als Erfolgsstreber sollen ein positives Schlagwort des Erwiderns entgegensetzen. Ihr Schlagwort sollte in wenigen prägnanten Wörtern den Kern ihres positiven Erfolgsversprechens oder den Fortschritt Ihrer Erfolgsbestrebung oder Erfolgsangebots reklamieren und demonstrieren. Beispielsweise wirken die Schlagworte: *Unglaublich gut! Fest wie Stahl! Kaltes Feuer, stabile Zerbrechlichkeit, u. a.*

9. Schritt: Beschreibung Ihrer Leistung

Sie sollten eine genaue Beschreibung ihrer Erfolgsleistung darstellen. Welche Merkmale, Eigenschaften, Funktionen, Ziele und Anliegen sind essentielle Teilbestände Ihres Erfolgsbestrebens oder Erfolgsangebots? Senden oder erwidern Sie Ihre Botschaft des Erfolgsstrebens, indem Sie für Ihre Idee, Ihre Leistung oder Ihre Bestrebung werben. Nutzen, verbreitern und/oder vermarkten Sie Ihren Erfolg medial, d.h. durch Marketing, Botschaften, Gespräche, Seminare, Vorträge, Werbung.

Kreativität leitet den Erfolg Ihrer Ideen und Werke

Man stelle sich vor, ein Ingenieur möchte seine Erfahrung und seine konstruktiven Ideen in einem erfolgsversprechenden Produkt oder Projekt verwirklichen. Er bewirbt sich auf eine ausgeschriebene Stelle als technischer Leiter eines namhaften Unternehmens und erhält eine Zusage. Er trägt nun als Führungskraft die Verantwortung über Erfolgsverwirklichungen von Aufgaben und Projekten. Sein persönlicher Erfolg ist nun abhängig von vielen Unwägbarkeiten, die außerhalb seiner Entscheidungen liegen, beispielsweise von der Unternehmenspolitik, der Marktsituation, der Konjunktur, der Wirtschaftspolitik und Rechtsprechung. Ferner stehen jeder Erfolgsbestrebung situative Gegebenheiten, Unwägbarkeiten und Veränderungen gegenüber. Zum Beispiel beeinflussen das Arbeitsklima, die Unterstützung von Kollegen, persönliche Disposition und vieles Unvorhersehbares mehr den Erfolg von Unternehmungen.

Erfolgsbestrebungen einer formellen Planung und Organisation treffen auf informelle Erwartungen von Erfolgsstrebenden und Erfolgsrezipienten. Erfolgsverwirklichungen können durch Systembedingungen einer Ordnung, der Gesellschaft oder der Politik eingeschränkt sein. Oftmals ist nur die Vorgehensweise des Versuchs und Irrtums zur Zielerreichung möglich. Man sollte komplexe Probleme durch Analysen, Bewertungen und durch Versuch und Irrtum angehen, um sich der Erfolgsverwirklichungen zu nähern!

Folgende Klassen von allgemeinen Einflusskräften wirken auf jegliche Planung und Organisation eines Erfolges:

- Zufällige oder unerwartete Ereignisse oder Umbrüche
- Berechtigung und Vertrauen auf Unterstützung und Hilfe
- Legitimation von informellen Normen und Wertvorstellungen

- Regelungen aufgrund gegebener Normen und Wertvorstellungen
- Extrinsische Bedingungen oder Wirkungen von Veränderungen
- Persönlichkeitsbedingte Erwartungen, Hoffnungen und Ansprüche
- Unvorhersehbare Ereignisse gegenüber sicher geglaubten Erwartungen
- Missgunst, Neid und Kampf von Gegnern oder Konkurrenten
- Eigene Führungsstärke, eigenes Wissen und eigenes Können
- Enttäuschte Erfahrungen, unerwartete Neuerungen oder Veränderungen

Entfremdende Arbeitsverhältnisse, korrumpierte Mitwirkende und Zwänge lassen den Menschen nach Freiheit suchen. Er findet sie in individualistischen Ersatzbefriedigungen durch Realitäts-, Wirklichkeits- oder Weltflucht oder im eigenen Erfolgsstreben!

22 Das Scheitern oder Obsiegen von Erfolgen

Jede Erfolgsbestrebung ist ein Wagnis und behaftet mit Unsicherheit. Chaos und Ordnung sind die Antipoden unserer Lebenswelt. Um Erfolge zu verwirklichen und um erfolgreich zu sein, müssen wir unsere Standorte des Schöpferischen, Kreativen, Einmaligen, Neuen, Sicheren und Richtigen finden.

Wir werden aus „Samen" erzeugt und wachsen als Embryo, dann als Fötus im Leib der Mutter heran. Der Fötus und die Gebärende erleiden Geburtsschmerzen und erleben die Schöpfung eines neuen Lebens mit Liebe und Zuneigung. Dieser Geburtsvorgang eines neuen, mündigen Menschen entspricht in einer Analogie der Natur, dem Säen, der Pflege, des Reifens, dem Ernten, und dem Verbrauchen oder Nutzen.

Wie können wir als Lebewesen in dieser Welt gedeihen und erfolgreich sein und wie kann es uns gelingen, unser Leben selbstbestimmt erfolgreich zu gestalten? Jede Erfolgsbestrebung läuft Gefahr, einem unfassbaren Chaos zu erliegen. Wir hoffen und streben danach dem Chaos zu entrinnen und zu einer Gestaltung der Ordnung finden. Wir wagen Erfolgsbestrebung, um das schöpferische Neue, das Bessere und gegebenenfalls das Einzigartige zu erleben oder zu vollbringen und das Unsichere, das Gefährliche und das Unbekannte zu vermeiden oder zu meistern. Dies gelingt uns nur, indem wir unsere Zuversicht, Sicherheit und Expertise einsetzen, um Erfolge zu erringen.

Der – nach Erfolg strebende – Mensch greift nach dem Machbaren oder sucht nach einer Grenzüberwindung als Herausforderung und Ziel. Er erlebt oder ersehnt einen Erfolg als erstrebte Hoffnung oder in demütige Einsicht seiner Grenzen. Chaos und Misserfolg lauern an den Rändern unserer Lebenserfahrungen. Und dennoch können Erfolgsbestrebungen zu einem inneren Bollwerk der Vorsicht, der Sicherheit, des Vertrauens dienen. Regelungsmaßnahmen und das Streben nach Ordnung können einen Erfolg absichern. Im Erfolgsstreben setzt sich, der nach Erfolg Strebende, dem Zweifel oder den

Zweiflern aus und erleidet unter Umständen größere Stressbelastungen oder Erschütterungen aufgrund möglichen Misslingens.

Erfolgsbestrebungen können als bedrohlich erfahren werden, wenn sich Strukturen einer Lebenswelt oder Arbeitswelt auflösen, und dadurch jegliche Ordnung in Frage gestellt wird und wenn daraufhin Unvorhersehbares durchlebt und erduldet werden muss. Diesen Chaos-Szenarien sollte man zumindest eine Zuversicht und Hoffnung entgegensetzen, ansonsten erfährt der Mensch eine Grundangst, aufgrund dessen Erfahrungen und Ziele verschüttet werden oder verloren gehen. Man verliert „Halt und Boden“[15]. Dem Chaos muss man eine Ordnung und ein Ziel entgegenstemmen. Andererseits können chaotischen Verhältnissen oder Gegebenheiten eine schöpferische Kraft entspringen, die möglicherweise Veränderung oder gar Verbesserung hervorzubringen vermag. In jedem Fall schwächt eine chaotische Ordnung die Erfolgsaussichten. Die Auflösung persönlicher und menschlicher Werte durch das Chaos und einer verlorenen Ordnung erzeugen Angst, Unsicherheit und Verzweiflung.

Wie bannt man die Angst des Verlustes von Ordnung und Erfolgssicherheit?

Man muss die Komplexität von Ordnungen reduzieren, um Erfolgsbestrebungen leichter und durchsichtiger verwirklichen zu können. Ordnung schaffen bedeutet die Reduktion von Komplexität. Erfolgsbestrebungen sind immer eingebettet in Ursachen und Wirkungen und diese gilt es zu erkennen und mit sinnvollen Maßnahmen oder Aktionen bewusst zu steuern. Am Anfang jeder Erfolgsbestrebung stehen Überlegungen und Abwägungen.

René Descartes (1788–1860) zog Schlüsse aus mathematischen Beweisen: Seine Erfolgswelt begann mit dem Motto: „Ich denke, also bin ich!“[16]

15 Jürgen Kitz: Chaos, Angst und Ordnung. Wie wir unsere Lebenswelt gestalten. Vandenhoeck & Ruprecht, Göttingen 1997, S. 11–37.

16 René Descartes: Abhandlung über die Methode, die Vernunft richtig zu gebrauchen. Marix Verlag GmbH, Wiesbaden 2006, Hrsg. Frank Schweizer.

- Nichts ist als wahr zuzulassen, was nicht absolut logisch und einleuchtend ist. Falsches Denken ist regelloses Denken oder beinhaltet die Anwendung der falschen Regel zum falschen Zeitpunkt. Richtig denkt derjenige, der fähig ist, die Methode des Regelgebrauchs sachgerecht zu nutzen.
- Alle Probleme lassen sich in kleine Teilprobleme zerlegen. Sämtliche Teilgebiete des Wissens bilden eine Einheit. Wie bei einem Baum lassen sich dessen mannigfaltige Äste alle zum selben Stamm führen und dieser Stamm wiederum wird von derselben Wurzel genährt.
- Man sollte immer gemäß einer Ordnung vorgehen und vom Einfachen zum Schwierigen schreiten! Das gedankliche Fortschreiten folgt der Logik des „wenn – dann". Es darf nichts ausgesagt werden, was nicht klar und deutlich aus der Idee eines „Ich" hervorgeht.
- In der Reihenfolg des Fortschreitens ist nichts auszulassen. Was die kleinste Möglichkeit eines Irrtums beinhaltet, entpuppt sich im Nachdenken am Ende als unbezweifelbar, als gewiss. Was unbezweifelbar gewiss ist, muss ein begründendes Prinzip sein.

Arthur Schopenhauer (1788–1860) erzählte in klarer Sprache, dass für uns etwas nur zählt was ein Individuum ist, respektive darstellt[17].

- Was wir haben und besitzen sind materielle Güter. Die Anhäufung von Reichtum und Besitzgütern mögen unermesslich und unbefriedigend sein. Je mehr wir besitzen, desto zahlreicher werden unsere Ansprüche. Es ist wie Salzwasser, je mehr wir davon trinken, desto durstiger werden wir. Am Ende besitzen nicht wir unsere Güter – sie besitzen uns.
- Was wir in den Augen anderer darstellen ist so flüchtig wie materieller Wohlstand. Fast die Hälfte aller Kümmernisse und Ängste gehen aus unserer Sorge über die Meinung der Anderer hervor. Die Meinung anderer ist ein Trugbild, das sich jeden Augenblick ändern kann.

17 Arthur Schopenhauer: Von Dem was Einer hat – Von den dem, was Einer vorstellt, Parerga und Paralipomena, Züricher Ausgabe, Bd. 8, Diogenes Verlag, Zürich 1977, S. 378–440.

Meinungen hängen an einem seidenen Faden und machen uns zu Sklaven dessen, was andere denken, oder schlimmer noch, was sie zu denken scheinen.

- Was wir sind, zählt wirklich. Ein gutes Gewissen bedeutet mehr als ein guter Ruf. Unser Ziel sollte Gesundheit und intellektueller Reichtum sein, was zu einem unerschöpflichen Reichtum von Ideen, Unabhängigkeit und einem efüllten Leben führt. Innere Gelassenheit entstammt dem Wissen, dass es nicht die Dinge sind, die uns stören, sondern unsere Auffassung der Dinge.
- Die Qualität unseres Daseins und Lebens ist davon bestimmt, wie wir die Erfahrungen interpretieren, nicht von den Erfahrungen selbst. Wir müssen unsere Vernunft nutzen, um falsches Denken, regelloses Denken und verwirrte Regeln zu vermeiden. Vernünftig und richtig denkt derjenige, der fähig ist, regelgemäße Methoden sachgerecht zu nutzen, der weiß wann, wie und welche Regeln auf ein bestimmtes Problem zu beziehen sind.

Erfolgsverwirklichung unserer Bestrebung mittels Digitalisierung

Richtige, erfolgsführende Entscheidungen zu treffen, liegt in der Abhängigkeit von gegebenen Geltungen, Fakten und Entscheidungen. Erfolg unterliegt der Volatilität der Unbeständigkeit und Unsicherheit. Wir können nicht sicher sein, dass unsere Erfolgsbestrebung zukünftig verwirklicht sein werden. Bestrebungen, erfolgreich zu sein und Erfolge zu verwirklichen, treffen auf neue Herausforderungen. Erfolgsverwirklichungen stehen oft einer Komplexität und Mehrdeutigkeit der sich verändernden Lebenswelt gegenüber. Die analoge Informationswelt verändert sich zukünftig zu einer Digitalwelt und dieses verändert unsere Kultur, unsere Arbeitswelt, unser Unternehmen, unsere Wirtschaftsweise und unsere Gesellschaft.

Unsere Bestrebungen erfolgreich zu sein und Erfolge zu verwirklichen, stehen neuen Herausforderungen der Digitalisierung gegenüber, welche die

Verwirklichung von Erfolgen digital zu erleichtern vermag. Die Digitalisierung besteht aus binärem Code von Nullen und Einsen in Mikrochips, Clouds, Sensoren und KI (Künstliche Intelligenz). Dies führt zu komplexen und automatisierten Abläufen – sogenannte *Workflows*. Dialoge und Kontakte von Mensch zu Mensch und zwischen Objekten und Maschinen können mittels der Digitalisierung sicherer, schneller und besser vollzogen werden. Mit den Digitaltechniken wurde unsere analoge Welt des Sprechens, Denkens und Handelns volatil, unbeständig, unsicher und fehlerhafter. Die Komplexität und Mehrdeutigkeit der analogen Welt unterliegt der digitalen Welt. Die Digitalisierung ermöglichte Kommunikationen, Arbeitsabläufe und Prozesse in einem viel größeren Maße effizienter, automatisiert und intelligenter durchzuführen.

Fahrplan zum Ziel des Erfolges

Die Gestaltung einer besseren zukünftigen Welt und die Verwirklichung eines Grundkonsenses von gemeinsamen Werten und Normen bedürfen eines Heilsversprechens oder einer Erfolgsvision. Kultur, Religion oder Nationalismus vermögen dem Suchenden eine erfolgsversprechende Weltsicht vorgeben, aber die diesseitigen, konkreten Lebensgestaltungen werden dominiert durch Rechtsordnungen, Gewohnheiten, Wirtschaftszwänge und Ordnungen. Insbesondere individuelle und persönliche Ansprüche von Erfolgsleistungen schränken die Prosperität, Leistung, Bestrebung und Verwirklichung von Erfolgen ein. Es bedarf eines Erfolgsplans, wie dies nachstehende Diagramm aufzeigt.

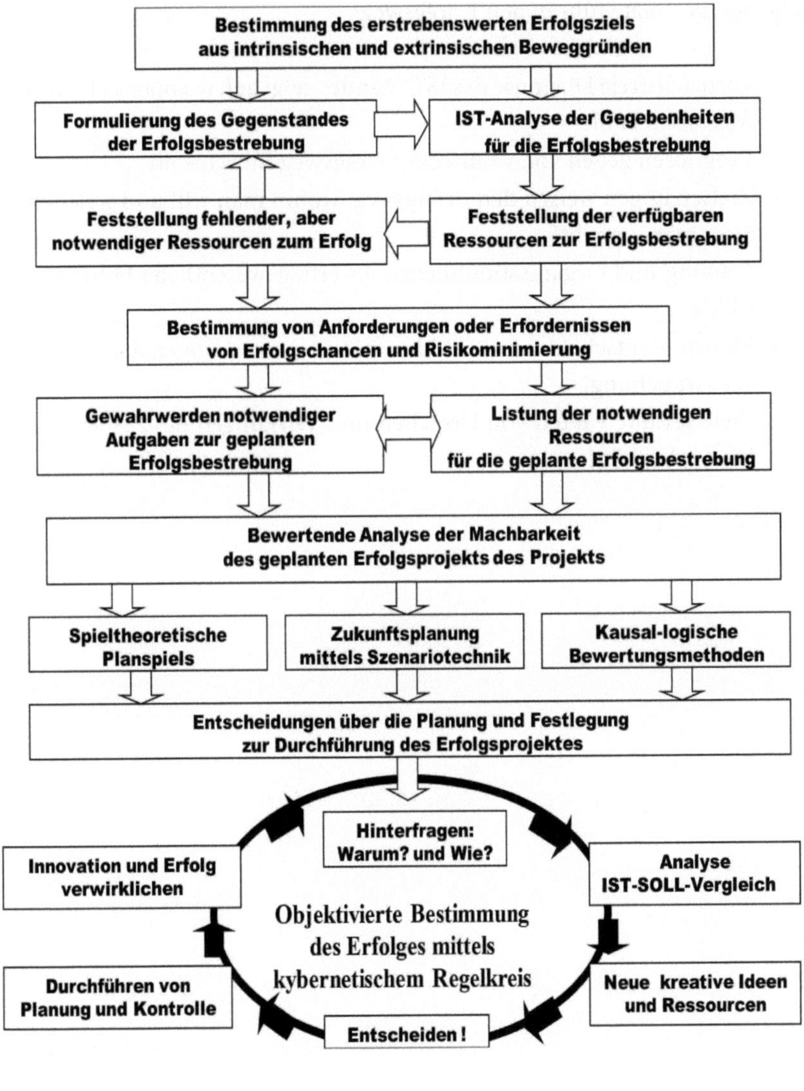
Bestimmung des erstrebenswerten Erfolgsziels
aus intrinsischen und extrinsischen Beweggründen
Formulierung des Gegenstandes
der Erfolgsbestrebung
IST-Analyse der Gegebenheiten
für die Erfolgsbestrebung
Feststellung fehlender, aber
notwendiger Ressourcen zum Erfolg
Feststellung der verfügbaren
Ressourcen zur Erfolgsbestrebung
Bestimmung von Anforderungen oder Erfordernissen
von Erfolgschancen und Risikominimierung
Gewahrwerden notwendiger
Aufgaben zur geplanten
Erfolgsbestrebung
Listung der notwendigen
Ressourcen
für die geplante Erfolgsbestrebung
Bewertende Analyse der Machbarkeit
des geplanten Erfolgsprojekts des Projekts
Spieltheoretische
Planspiels
Zukunftsplanung
mittels Szenariotechnik
Kausal-logische
Bewertungsmethoden
Entscheidungen über die Planung und Festlegung
zur Durchführung des Erfolgsprojektes
Hinterfragen:
Warum? und Wie?
Analyse
IST-SOLL-Vergleich
Neue kreative Ideen
und Ressourcen
Entscheiden!
Durchführen von
Planung und Kontrolle
Innovation und Erfolg
verwirklichen
Objektivierte Bestimmung
des Erfolges mittels
kybernetischem Regelkreis

Folgende Postulate führen den Erfolgsweg:

- Vorurteilsfreie Diagnose des IST-Standes zeigt auf, wo man steht und was falsch läuft!
- Prognosen geben vor, wohin der Erfolgsweg führen soll!
- Zielsetzungen weisen den Erfolgsweg, wohin man will und welchen Sinn man erstrebt!
- Planung und Organisation dienen als erfolgswesentliche Führungshilfen!
- Führungsentscheidungen sind Realisationsbestrebungen der Erfolgsverwirklichung!
- Zielrelevante Fakten von Ursachen und Wirkungen des Erfolgsstrebens erkennen!

23 Weisheiten von großen Erfolgsstrebern

Die Fundamente von Erfolgsverwirklichungen sind eingebunden in die Machtpotentiale des Staates, der Gesellschaft, der Wirtschaft und der Politik. Bestrebungen – Erfolge zu verwirklichen – sind diesen fremd- und machtbestimmten Mächten ausgesetzt. Wir können diesen Machtkräften nur durch Strategien der Prävention oder Adaption entgegentreten. Dies bedarf einerseits einer Strategie der Risikovermeidung durch konservatives Sicherheitsreben oder andererseits potentiell querdenkerisches oder romantisches Ersehnen. Wir können – nach KANT – Anschauungen a priori, d.h. vor jeder Erkenntnis, über Raum und Zeit hinausgehend, beurteilen? Erfolgsmaßstäbe sind Relevanz, Gesetzmäßigkeit und Gegebenheiten.

Relevanz beurteilen wir durch unseren Verstand. DESCARTES und LEIBNIZ postulierten die Rationalität unseres Verstandesvermögens. LOCKE hingegen sagt, es ist nichts in unserem Verstand, was nicht zuvor in den Sinnen gewesen wäre. KANT schlägt in seinem Werk „Kritik der reinen Vernunft" mittels einer wissenschaftlichen Metaphysik eine Brücke der Denkrichtungen des Rationalismus und des Empirismus. Diese Brückenkonstruktion unterscheidet zwischen gesicherten Erkenntnissen und bloßer Spekulation. Erfolgreiche Innovationen beschreiten diese Brücke von gesicherten Erkenntnissen und Spekulation.

Um die gesicherte Brücke von Urteilen zu begehen, muss unsere Erkenntnis eine Erweiterung erfahren. Anschauungen und Begriffe müssen mit Neuem verknüpft und erweitert werden. Vor jeder Erfahrung, das heißt rein im Verstande sind solche Urteile zwar sinnlich, aber dennoch ohne Erfahrung, denn sie gehören und bedingen überhaupt die möglichen Erfahrungen. Es sind synthetische Urteile a priori, durch die wir neue Ursachen und Verknüpfungen verstehen. Nachstehende Aussagen zeigen Verstandesurteile von großen Denkern und Philosophen über Erfolge der politischen Weltgestaltung:

Platon (5.–4. Jahr. v. Chr.)

„Wenn nicht in den Staaten entweder die Philosophen Könige werden oder die, welche man jetzt Könige und Herrscher nennt, echte und gründliche Philosophen werden (…), dann (…) gibt es kein Ende der Übel für die Staaten und, wie ich meine, auch nicht für die Menschheit."

Augustinus (345–430)

„Nimm das Recht weg – was ist dann ein Staat noch anderes als eine große Räuberbande"

Niccolò Machiavelli (1469–1527)

„Ein Herrscher braucht also nur zu siegen und seine Herrschaft zu behaupten, so werden die Mittel dazu stets für ehrenvoll angesehen und von jedem gelobt. Denn der Pöbel hält sich immer an den Schein und den Erfolg; und in der Welt gibt es nur Pöbel."

Thomas Hobbes (1588–1679)

„Staat ist eine Person, deren Handlungen eine große Menge Menschenkraft der gegenseitigen Verträge eines jeden mit einem jeden als ihre eigene ansehen, und dass diese nach ihrem Gutdünken die Macht aller zum Frieden und zur gemeinschaftlichen Verteidigung anwende."

Michail Bakunin (1876–1914)

„(---) wo der Staat beginnt, endet die Freiheit des Individuums, und umgekehrt."

Alexis de Tocqueville (1805–1856)

„Es ist wirklich schwer einzusehen, wie Menschen, die der Gewohnheit, sich selbst zu regieren, vollständig entsagt haben, imstande sein könnten, diejenigen gut auszuwählen, die sie regieren sollen."

Friedrich Engels (1820–1895)

„Der moderne Staat, was auch seine Form, ist eine wesentlich kapitalistische Maschine, Staat der Kapitalisten, der ideelle Gesamtkapitalist."

Friedrich Nietzsche (1844–1900)

„Staat heißt das kälteste aller kalten Ungeheuer. Kalt lügt es auch, und diese Lüge kriecht aus seinem Munde: Ich der Staat, bin das Volk."

Carl Schmitt (1888–1985)

„Wer den gewaltigen Hintergrund unserer politischen Gesamtlage sieht, wird die Mahnungen und Warnungen des Führers verstehen und sich zu dem großen geistigen Kampfe rüsten, in dem wir unser gutes Recht zu wahren haben. Disziplin und deutscher Ordnungssinn des Führertums."

Maximilian Weber (1864–1920)

„Die Politik bedeutet ein starkes langsames Bohren von harten Brettern mit Leidenschaft und Augenmaß zugleich."

Jürgen Habermas (1929–)

„Zwischen Kapitalismus und Demokratie besteht ein unauflösliches Spannungsverhältnis; mit beiden konkurrieren nämlich zwei entgegengesetzte Prinzipien der gesellschaftlichen Integration um den Vorrang."

Immanuel Kant (1724–1804)

Das Umfeld und die Gesetzgebung unterliegt vier Staatstypen, die noch heute als erfolgsrelevant gelten, unterschieden und definiert werden:

> *Anarchie: Gesetz und Freiheit ohne Gewalt!*
> *Despotismus: Gesetz und Gewalt, ohne Freiheit!*
> *Barbarei: Gewalt, ohne Freiheit und Gesetz!*
> *Republik: Gewalt, mit Freiheit und Gesetz!*